第三冊 建築技術規則設計施工篇

建築法規隨身讀

編者簡介

江軍

曾留學於美國、日本、英國並具備建築、設計及營建、土木工程多重背景，曾任職於建築師事務所、營造廠及建設公司，具有近十年建築相關授課經驗，於多所大專院校及機關單位授課、演講數百場，建築相關領域著作逾二十本及證照百餘張。

學歷：

- 國立台灣科技大學設計學院建築研究所博士候選人
- 英國劍橋大學 (University of Cambridge) 環境設計碩士
- 國立台灣大學土木工程研究所 營建工程與管理碩士
- 法國巴黎高等商學院 (HEC Paris) 創新創業碩士 (在學)
- 國立台灣科技大學建築研究所 物業與設施管理學程
- 國立台灣科技大學建築系學士
- 國立台灣科技大學營建工程系學士

專業資格及證照：

- 美國麻省理工學院Commercial Real Estate Analysis and Investment 結業
- 南非開普敦大學(University of Cape Town)土地開發與投資證書
- 日本早稲田大学 日本語教育研究科JLP結業
- 教育部專科學校畢業程度自學進修學力鑑定 - 建築工程科
- 英國皇家特許測量師(MRICS)、職業安全管理甲級、營造工程管理甲級、建築工程管理甲級、職業安全衛生管理乙級、建築工程管理乙級、建築物室內裝修工程管理乙級、營造工程管理乙級、工程測量乙級、裝潢木工乙級、建築物公共安全檢查認可證、建築物室內裝修專業技術人員登記證、消防設備士、國際專案管理師PMP、LEED-AP、WELL-AP、日本Sick-house病態建築二級診斷士等。

經歷：

- 力信建設開發集團 董事長特助
- 中華工程股份有限公司 工程師
- 博納實業有限公司 負責人

教學經驗：

- 中國文化大學推廣教育部 授課講師
- 國立台灣大學 土木系助教
- 宜蘭縣勞工教育協進會 講師
- 致理科技大學 業界專家講師
- 黎明技術學院 業界專家講師

相關著作與專利：

- 工地主任試題精選解析
- 最詳細!營造工程管理全攻略
- 建築工程管理技能檢定全攻略｜最詳細甲乙級學術科試題解析
- <世界名師經典>圖解綠建築
- 智取 建築工程管理乙級技術士術科破解攻略
- 智取 建築工程管理乙級技術士重點精解暨學科破解攻略
- LEED AP BD+C建築設計與施工應考攻略
- 一種牆體用的吸音建築隔板(中國新型實用專利)
- 一種用於建築工地的隔音牆體(中國新型實用專利)

建築法規隨身讀 使用說明

親愛的讀者，您好：

非常感謝您購買本系列套書。對於建築領域的考生或是從業人員來說，建築法規的系統不僅多且繁雜，內容牽涉到許多數字與時間的記憶，更是常常讓人無所適從。因此，我們特別開發了本系列「隨身讀」法規叢書，讓您不論是工作上的需求或是考試需要記憶，都可以放在口袋中隨時翻閱，不再需要厚重的法規叢書，定可讓您一舉摘金。

本書設計特色，請您務必詳閱，定能使本書發揮最大功效：

1. 依照專業類別分冊設計，您不需要一次攜帶全部的法規書。
2. 重點分別以一~三顆星，表示法規之重要程度。
3. 法條文字以橘色字體搭配紅色遮色片，讓您加強關鍵字記憶。

本書符號與標示說明：

NEW = 新修法條，根據本書出版年份最新修正的法條在前面以此符號表示。

★ = 重要度，本書以星號數作為重要度指標，三顆星為最重要，星號越少代表重要程度越低。

📖 = 參考法規附件，由於本書只收錄最重要之法規表格與附件，其他附表與附件請自行至全國法規資料庫下載。

重點 = 重要關鍵字，搭配書後紅色遮色片遮住後關鍵字即會消失。

(刪除) = 法條刪除，已刪除的法條為了避免遺漏，還是會標註於後方。

> 補充重點用框表示，中間可能有編者的額外補充說明。

敬祝 平安順心 試試順利

編者 江軍 謹誌

建築技術規則設計施工篇 目錄

第一章　建築技術規則建築設計施工編 1-1

第一章

建築技術規則建築設計施工編

民國110年01月19日

第一章 用語定義

第1條 ★★★ ▢check

本編建築技術用語，其他各編得適用，其定義如下：

一、一宗土地：本法第十一條所稱一宗土地，指1幢或2幢以上有連帶使用性之建築物所使用之建築基地。但建築基地為道路、鐵路或永久性空地等分隔者，不視為同一宗土地。

二、建築基地面積：建築基地(以下簡稱基地)之水平投影面積。

三、建築面積：建築物外牆中心線或其代替柱中心線以內之最大水平投影面積。但電業單位規定之配電設備及其防護設施、地下層突出基地地面未超過1.2公尺或遮陽板有1/2以上為透空，且其深度在2.0公尺以下者，不計入建築面積；陽臺、屋簷及建築物出入口雨遮突出建築物外牆中心線或其代替柱中心線超過2.0公尺，或雨遮、花臺突出超過1.0公尺者，應自其外緣分別扣除2.0公尺或1.0公尺作為中心線；每層陽臺面積之和，以不超過建築面積1/8為限，其未達8平方公尺者，得建築8平方公尺。

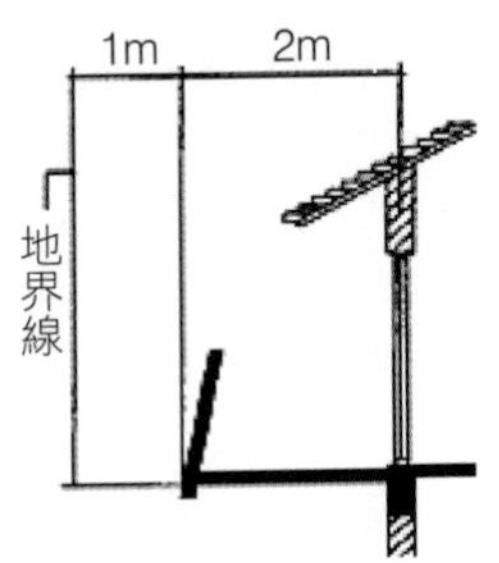

① 寬度2公尺以內陽台免計建築面積，且不得大於A/8。或陽台面積雖大於A/8但不超過$8m^2$者，亦免計入建築面積。

② 陽台面積超過建築面積(A)之1/8時，超過部份應計入建築面積。

第1條　圖1-3-(1)

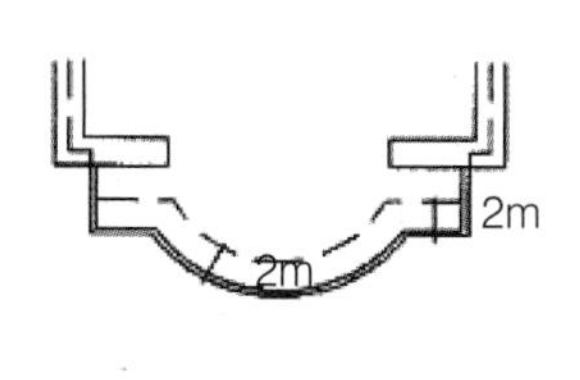

自外緣起向外牆中心線扣除 2m 不計入建築面積

第 1 條　圖 1-3-(2)

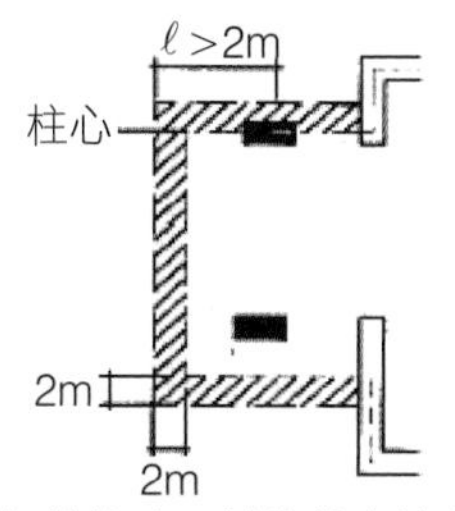

無外牆時，以代替之柱中心線為準。陽台、屋簷等突出中心線部份超過 2m 時，應自其外緣分別扣除 2m 作為中心線。

第 1 條　圖 1-3-(3)

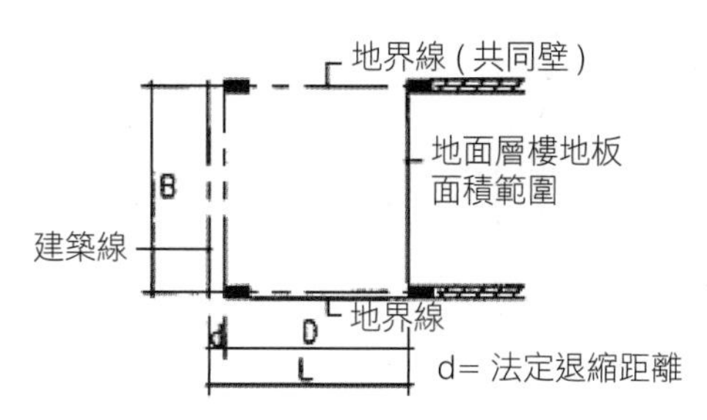

① 騎樓面積 =B×D

② 其二樓樓地板面積計算以外牆中心線為準

③ 無騎樓柱時，騎樓面積仍為 B×D

④ 騎樓面積應計入造價

⑤ L= 法定騎樓地深度 騎樓地面積 =B×L

第 1 條　圖 1-3-(4)

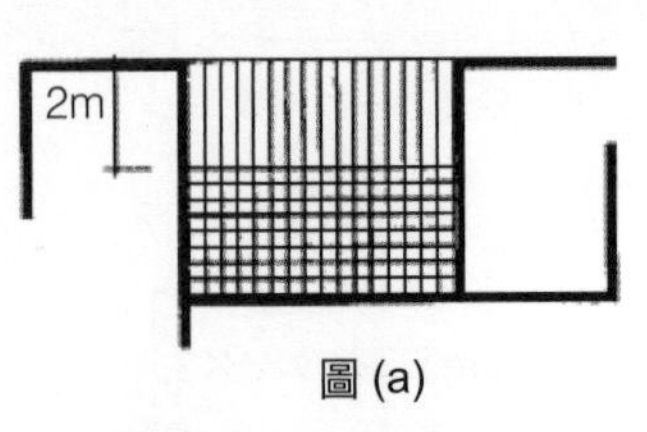

圖 (a)

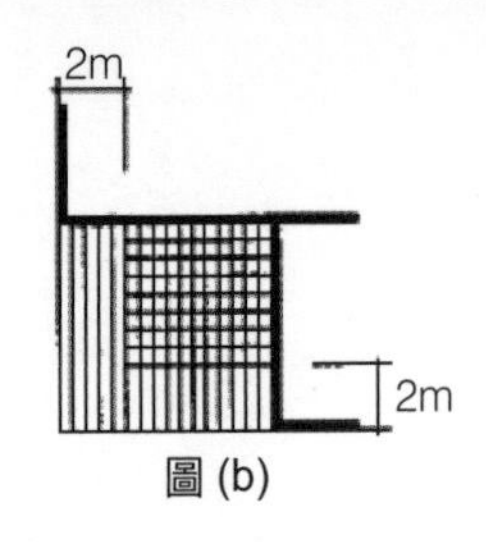

圖 (b)

▥ 免計建築面積之陽台
▦ 應計入建築面積之陽台

① 三面有牆之陽台 (同一住宅單位或其他使用之單位)，僅得向任一外牆面扣除 2m 免計建築面積如圖 (a)。

② 二面有牆之陽台 (陰角)，其建築面積計算如圖 (b)。

第 1 條　圖 1-3-(5)

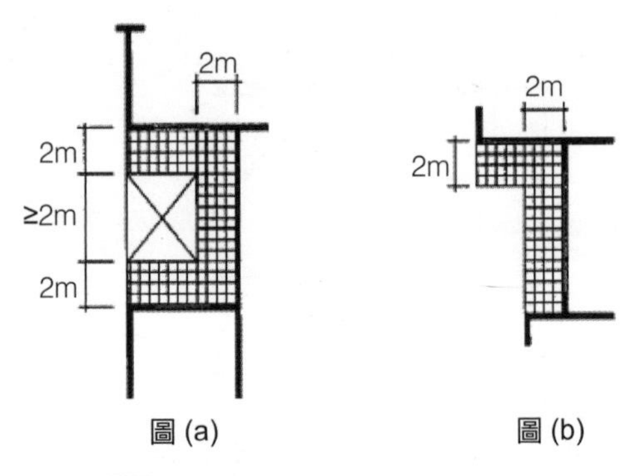

圖 (a)　　圖 (b)

⊠ 不做陽台

① 同一住宅單位 (或其他使用單位)，在其外牆之陰角處設置連續之陽台時，以沿接外牆設置為原則，且對側之陽台外緣至少應相距 2m 以上。

第 1 條　圖 1-3-(6)

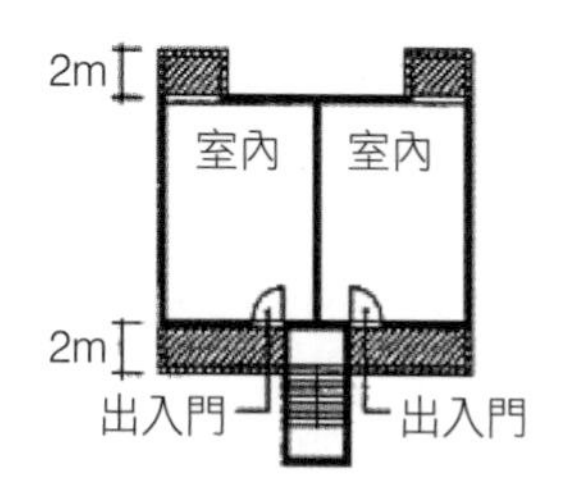

陽台面積不超過建築設計施工編第一條第三款之規定時，得不計入建築面積。

第 1 條　圖 1-3-(7)

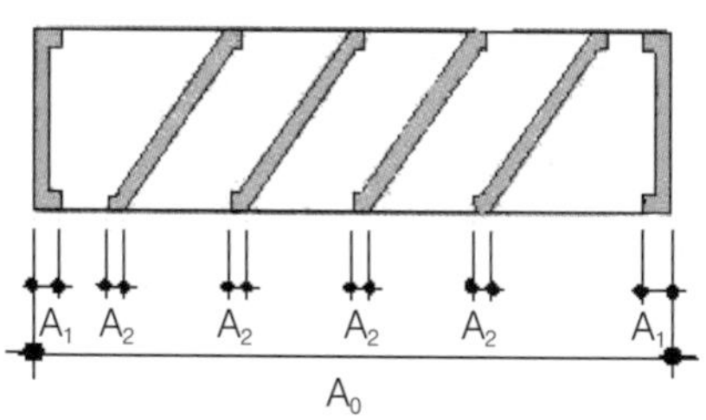

圖例中之遮陽版其透空率為 $1-(2A_1+4A_2)/A_0$

第 1 條　圖 1-3-(8) 遮陽版之透空率計算方式

四、建蔽率：建築面積占基地面積之比率。

五、樓地板面積：建築物各層樓地板或其一部分，在該區劃中心線以內之水平投影面積。但不包括第三款不計入建築面積之部分。

六、觀眾席樓地板面積：觀眾席位及縱、橫通道之樓地板面積。但不包括吸煙室、放映室、舞臺及觀眾席外面二側及後側之走廊面積。

七、總樓地板面積：建築物各層包括地下層、屋頂突出物及夾層等樓地板面積之總和。

八、基地地面：基地整地完竣後，建築物外牆與地面接觸最低一側之水平面；基地地面高低相差超過3公尺，以每相差3公尺之水平面為該部分基地地面。

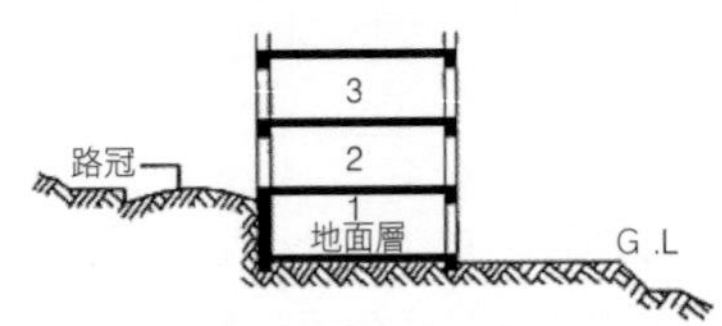

基地面前道路之高度與基地地面高度不同時，仍以設計之基地地面高度為準計算其層數及高度。

第1條　圖1-8-(1)

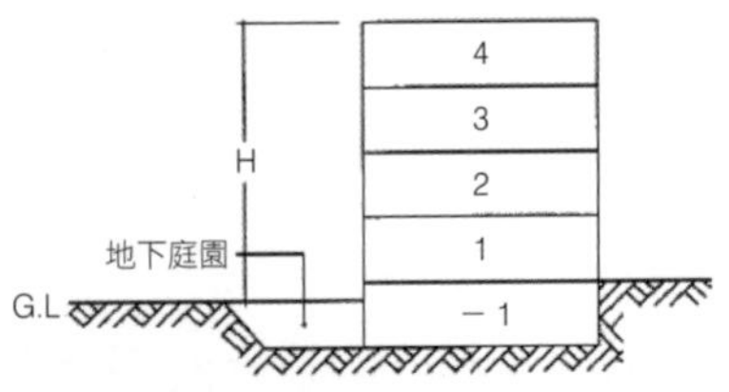

① 建築物高度以基地地面 (G.L) 為準。

② 基地原為平坦地形，經人工整地局部開挖後，其G.L不因局部地形變更而改變。

第1條　圖1-8-(2)

九、建築物高度：自基地地面計量至建築物最高部分之垂直高度。但屋頂突出物或非平屋頂建築物之屋頂，自其頂點往下垂直計量之高度應依下列規定，且不計入建築物高度：

(一) 第十款第一目之屋頂突出物高度在6公尺以內或有昇降機設備通達屋頂之屋頂突出物高度在9公尺以內，且屋頂突出物水平投影面積之和，除高層建築物以不超過建築面積15%外，其餘以不超過建築面積12.5%為限，其未達25平方公尺者，得建築25平方公尺。

(二) 水箱、水塔設於屋頂突出物上高度合計在6公尺以內或設於有昇降機設備通達屋頂之屋頂突出物高度在9公尺以內或設於屋頂面上高度在2.5公尺以內。

(三) 女兒牆高度在1.5公尺以內。

(四) 第十款第三目至第五目之屋頂突出物。

(五) 非平屋頂建築物之屋頂斜率(高度與水平距離之比)在1/2以下者。

(六) 非平屋頂建築物之屋頂斜率(高度與水平距離之比)超過1/2者，應經中央主管建築機關核可。

十、屋頂突出物：突出於屋面之附屬建築物及雜項工作物：

(一) 樓梯間、昇降機間、無線電塔及機械房。

(二) 水塔、水箱、女兒牆、防火牆。

(三) 雨水貯留利用系統設備、淨水設備、露天機電設備、煙囪、避雷針、風向器、旗竿、無線電桿及屋脊裝飾物。

(四) 突出屋面之管道間、採光換氣或再生能源使用等節能設施。

(五) 突出屋面之1/3以上透空遮牆、2/3以上透空立體構架供景觀造型、屋頂綠化等公益及綠建築設施，其投影面積不計入第九款第一目屋頂突出物水平投影面積之和。但本目與第一目及第六目之屋頂突出物水平投影面積之和，以不超過建築面積30%為限。

(六) 其他經中央主管建築機關認可者。

十一、簷高：自基地地面起至建築物簷口底面或平屋頂底面之高度。

十二、地板面高度：自基地地面至地板面之垂直距離。

十三、樓層高度：自室內地板面至其直上層地板面之高度；最上層之高度，為至其天花板高度。但同一樓層之高度不同者，以其室內樓地板面積除該樓層容積之商，視為樓層高度。

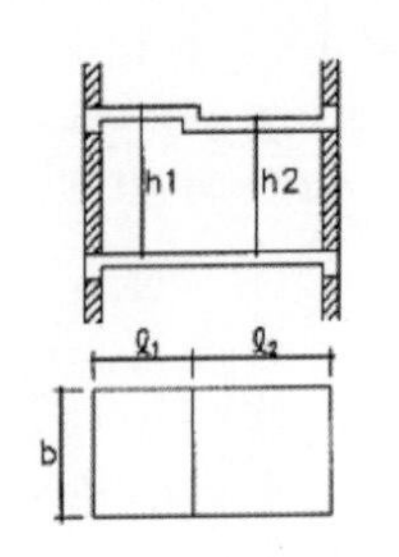

樓層高度 $(hf)=\dfrac{(\ell_1\cdot b)h1+(\ell_2\cdot b)h2}{(\ell_1+\ell_2)b}$

第 1 條　圖 1-13-(1)

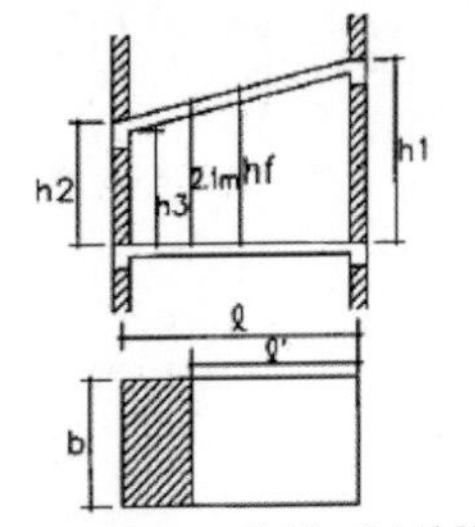

樓層高度 $(hf)=\dfrac{(\ell\cdot b)\times(h1+h2)/2}{\ell\cdot b}$

$=(h1+h2)/2$

$h3\geq 1.7m$，$\ell'\cdot b\geq \ell\cdot b/2$

第 1 條　圖 1-13-(2)

十四、天花板高度：自室內地板面至天花板之高度，同一室內之天花板高度不同時，以其室內樓地板面積除室內容積之商作天花板高度。

十五、建築物層數：基地地面以上樓層數之和。但合於第九款第一目之規定者，不作為層數計算；建築物內層數不同者，以最多之層數作為該建築物層數。

同一建築物中，以其最多之層數為該建築物之層數。

第1條　圖 1-15-(1)

建築物地面各層在使用之機能上完全獨立分開時，視為二幢建築物各計其層數，如連棟式建築物及本圖之情形。

第1條　圖 1-15-(2)

十六、地下層：地板面在基地地面以下之樓層。但天花板高度有**2/3**以上在基地地面上者，視為地面層。

十七、閣樓：在屋頂內之樓層，樓地板面積在該建築物建築面積**1/3**以上時，視為另一樓層。

十八、夾層：夾於樓地板與天花板間之樓層；同一樓層內夾層面積之和，超過該層樓地板面積**1/3**或**100**平方公尺者，視為另一樓層。

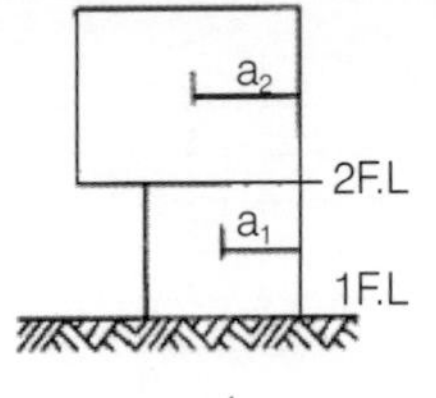

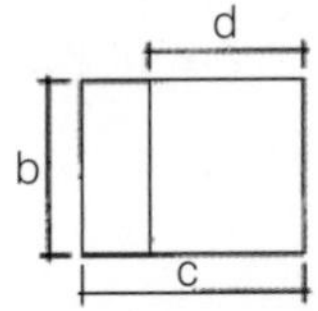

① $a_1 \leq \frac{b \times d}{3}$ 或 $100m^2$

② $a_2 \leq \frac{b \times c}{3}$ 或 $100m^2$

③ 超過前列標準時，視為另一樓層

第 1 條　圖 1-18-(1)

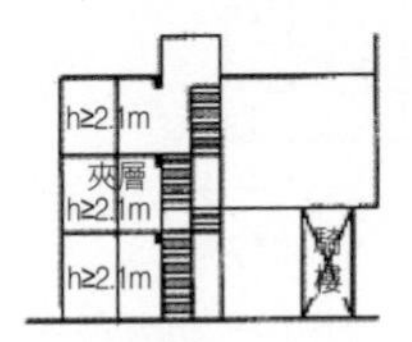

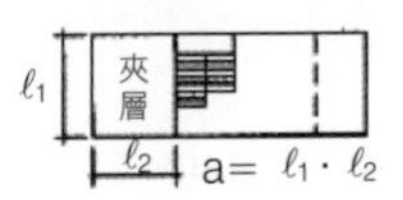

FA_1＝ 一樓樓地板面積
（不含騎樓）

夾層面積 (a) ≤ $FA_1 / 3$，

且 a ≤ 100^2

此建築物為二層建築物

第 1 條　圖 1-18-(2)

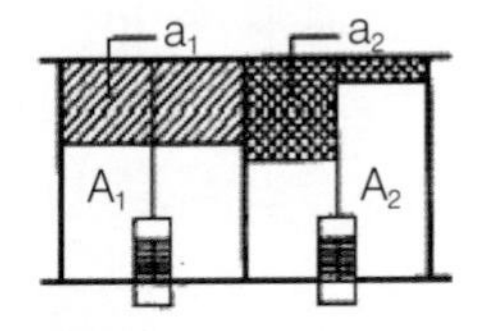

$a_1 \leq A_1 / 3$，且 $a_1 \leq 100\ m^2$

$a_2 \leq A_2 / 3$，且 $a_2 \leq 100\ m^2$

建築物以無開口之防火牆及防火樓板區劃分隔為他棟建築物者，其夾層面積仍按各棟各樓層分別檢討。

第 1 條　圖 1-18-(3)

十九、居室：供居住、工作、集會、娛樂、烹飪等使用之房間，均稱居室。門廳、走廊、樓梯間、衣帽間、廁所盥洗室、浴室、儲藏室、機械室、車庫等不視為居室。但旅館、住宅、集合住宅、寄宿舍等建築物其衣帽間與儲藏室面積之合計以不超過該層樓地板面積**1/8**為原則。

二十、露臺及陽臺：直上方無任何頂遮蓋物之平臺稱為露臺，直上方有遮蓋物者稱為陽臺。

二十一、集合住宅：具有共同基地及共同空間或設備。並有**3**個住宅單位以上之建築物。

二十二、外牆：建築物外圍之牆壁。

二十三、分間牆：分隔建築物內部空間之牆壁。

二十四、分戶牆：分隔住宅單位與住宅單位或住戶與住戶或不同用途區劃間之牆壁。

二十五、承重牆：承受本身重量及本身所受地震、風力外並承載及傳導其他外壓力及載重之牆壁。

二十六、帷幕牆：構架構造建築物之外牆，除承載本身重量及其所受之地震、風力外，不再承載或傳導其他載重之牆壁。

二十七、耐水材料：磚、石料、人造石、混凝土、柏油及其製品、陶瓷品、玻璃、金屬材料、塑膠製品及其他具有類似耐水性之材料。

二十八、不燃材料：混凝土、磚或空心磚、瓦、石料、鋼鐵、鋁、玻璃、玻璃纖維、礦棉、陶瓷品、砂漿、石灰及其他經中央主管建築機關認定符合耐燃一級之不因火熱引起燃燒、熔化、破裂變形及產生有害氣體之材料。

二十九、耐火板：木絲水泥板、耐燃石膏板及其他經中央主管建築機關認定符合耐燃二級之材料。

三十、耐燃材料：耐燃合板、耐燃纖維板、耐燃塑膠板、石膏板及其他經中央主管建築機關認定符合耐燃三級之材料。

三十一、防火時效：建築物主要結構構件、防火設備及防火區劃構造遭受火災時可耐火之時間。

三十二、阻熱性：在標準耐火試驗條件下，建築構造當其一面受火時，能在一定時間內，其非加熱面溫度不超過規定值之能力。

三十三、防火構造：具有本編第三章第三節所定防火性能與時效之構造。

三十四、避難層：具有出入口通達基地地面或道路之樓層。

三十五、無窗戶居室：具有下列情形之一之居室：

(一) 依本編第四十二條規定有效採光面積未達該居室樓地板面積5%者。

(二) 可直接開向戶外或可通達戶外之有效防火避難構造開口，其高度未達1.2公尺，寬度未達75公分；如為圓型時直徑未達1公尺者。

(三) 樓地板面積超過50平方公尺之居室，其天花板或天花板下方80公分範圍以內之有效通風面積未達樓地板面積2%者。

三十六、道路：指依都市計畫法或其他法律公布之道路(得包括人行道及沿道路邊綠帶)或經指定建築線之現有巷道。除另有規定外，不包括私設通路及類似通路。

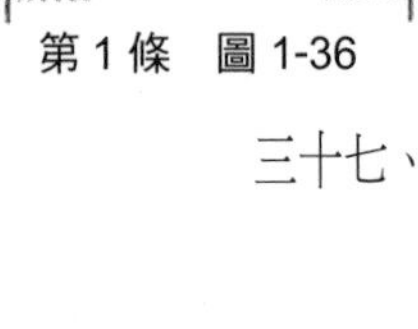

面前道路寬度

綠帶

綠帶

第1條　圖1-36

三十七、類似通路：基地內具有2幢以上連帶使用性之建築物(包括機關、學校、醫院及同屬一事業體之工廠或其他類似建築物)，各幢建築物間及建築物至建築線間之通路；類似通路視為法定空地，其寬度不限制。

三十八、私設通路：基地內建築物之主要出入口或共同出入口(共用樓梯出入口)至建築線間之通路；主要出入口不包括本編第九十條規定增設之出入口；共同出入口不包括本編第九十五條規定增設之樓梯出入口。私設通路與道路之交叉口，免截角。

三十九、直通樓梯：建築物地面以上或以下任一樓層可直接通達避難層或地面之樓梯(包括坡道)。

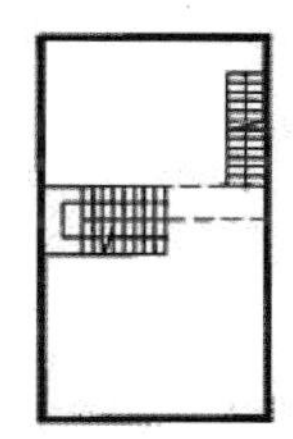

直通樓梯例 (一)
虛線範圍表示樓梯間

第 1 條　圖 1-39-(1)

直通樓梯例 (二)
虛線範圍表示樓梯間

第 1 條　圖 1-39-(2)

四十、永久性空地：指下列依法不得建築或因實際天然地形不能建築之土地(不包括道路)：

(一) 都市計畫法或其他法律劃定並已開闢之公園、廣場、體育場、兒童遊戲場、河川、綠地、綠帶及其他類似之空地。

(二) 海洋、湖泊、水堰、河川等。

(三) 前二目之河川、綠帶等除夾於道路或2條道路中間者外，其寬度或寬度之和應達4公尺。

四十一、退縮建築深度：建築物外牆面自建築線退縮之深度；外牆面退縮之深度不等，以最小之深度為退縮建築深度。但第三款規定，免計入建築面積之陽臺、屋簷、雨遮及遮陽板，不在此限。

四十二、幢：建築物地面層以上結構獨立不與其他建築物相連，地面層以上其使用機能可獨立分開者。

四十三、棟：以具有單獨或共同之出入口並以無開口之防火牆及防火樓板區劃分開者。

四十四、特別安全梯：自室內經由陽臺或排煙室始得進入之安全梯。

四十五、遮煙性能：在常溫及中溫標準試驗條件下，建築物出入口裝設之一般門或區劃出入口裝設之防火設備，當其構造二側形成火災情境下之壓差時，具有漏煙通氣量不超過規定值之能力。

四十六、昇降機道：建築物供昇降機廂運行之垂直空間。

四十七、昇降機間：昇降機廂駐停於建築物各樓層時，供使用者進出及等待搭乘等之空間。

第二章 一般設計通則

第一節 建築基地

第2條
★★☆
▢check

基地應與建築線相連接，其連接部份之最小長度應在2公尺以上。基地內私設通路之寬度不得小於左列標準：

一、長度未滿10公尺者為2公尺。
二、長度在10公尺以上未滿20公尺者為3公尺。
三、長度大於20公尺為5公尺。
四、基地內以私設通路為進出道路之建築物總樓地板面積合計在1000平方公尺以上者，通路寬度為6公尺。
五、前款私設通路為連通建築線，得穿越同一基地建築物之地面層；穿越之深度不得超過15公尺；該部份淨寬並應依前四款規定，淨高至少3公尺，且不得小於法定騎樓之高度。

前項通路長度，自建築線起算計量至建築物最遠一處之出入口或共同入口。

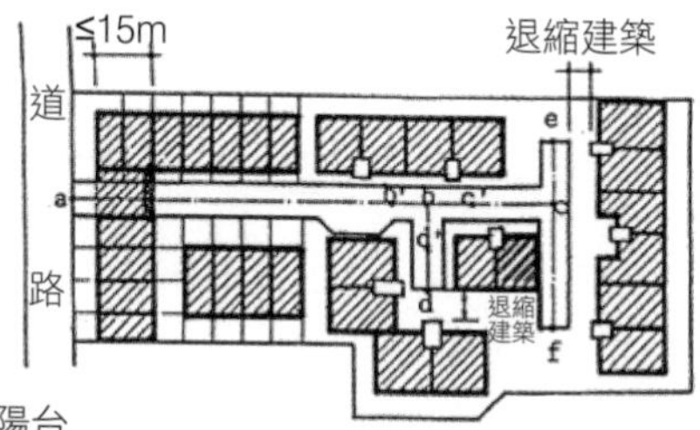

▨ 表示陽台

① 通路長度ℓ＝ab＋bc＋ce＋cf＋bd（以通路中心線計量）。

② 上開通路長度自 a 起算 35m 之範圍（如圖中 ab＋bc' 或 ab＋bd'）可計入法定空地面積。

③ 通路穿越建築物之地面層時，其容許之穿越深度係包括外牆留設之陽台。

④ 私設通路與私設通路之交叉口免予截角。

⑤ 圖中 (b'b＋bd) 及 (b'b＋bc＋cf) 均未達 35m，其末端免設迴車道 (b' 處為迴車道)。

⑥ 迴車道在 35m 範圍內可計入法定空地。

⑦ 私設通路寬度超過 6m 者，超過部分可做為停車空間。

第 2 條　圖 2-(1)

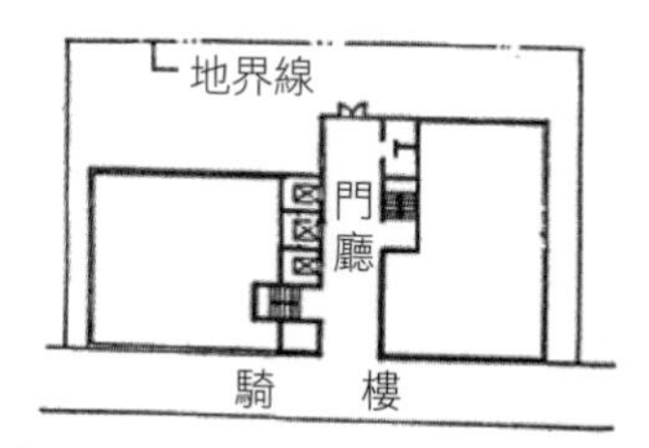

建築物內之門廳不視為私設通路，不適用本條規定，但其任一處之最小寬度應合於第 90 條 1.2m 之規定。

第 2 條　圖 2-(2)

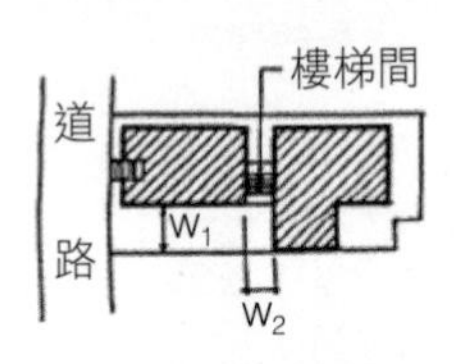

基地內非直接面向道路設置之直通樓梯僅有一座時，該直通樓梯至建築線間不視為私設通路，但應符合 $W_1 \geq W_2$ 之條件。

第 2 條　圖 2-(3)

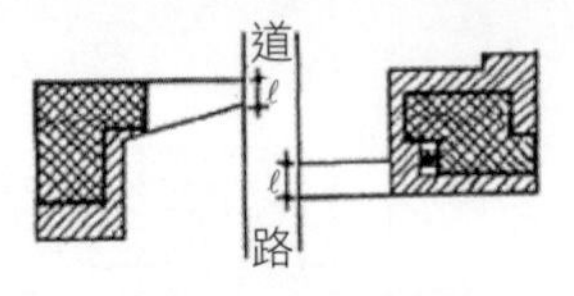

① 袋形基地與建築線相連接之長度 (ℓ) 至少應 2m，並依第 2 條之規定。

② 臨接道路作通路使用之部分不視為畸零地。

③ 該基地不得造成相鄰之土地成為畸零地。

第 2 條　圖 2-(4)

第2-1條 ☆☆☆ ▢check

私設通路長度自建築線起算未超過**35公尺**部分，得計入法定空地面積。

第3條

(刪除)

第3-1條 ★☆☆ ▢check

私設通路為**單向**出口，且長度超過**35公尺**者，應設置**汽車迴車道**；迴車道視為該通路之一部份，其設置標準依左列規定：

一、迴車道可採用圓形、方形或丁形。

二、通路與迴車道交叉口截角長度為**4公尺**，未達4公尺者以其最大截角長度為準。

三、截角為三角形，應為等腰三

角形；截角為圓弧，其截角長度即為該弧之切線長。

前項私設通路寬度在9公尺以上，或通路確因地形無法供車輛通行者，得免設迴車道。

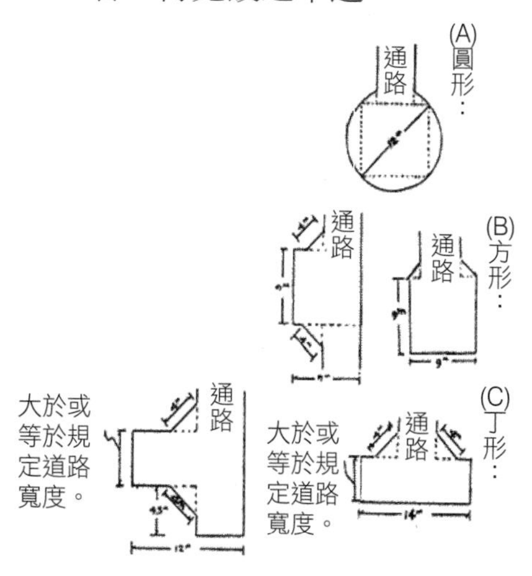

第3-2條 ★☆☆ ▢check

基地臨接道路邊寬度達3公尺以上之綠帶，應從該綠帶之邊界線退縮4公尺以上建築。但道路邊之綠帶實際上已鋪設路面作人行步道使用，或在都市計畫書圖內載明係供人行步道使用者，免退縮；退縮後免設騎樓；退縮部份，計入法定空地面積。

第4條 ☆☆☆ ▢check

建築基地之地面高度，應在當地洪水位以上，但具有適當防洪及排水設備，或其建築物有一層以上高於洪水位，經當地主管建築機關認為無礙安全者，不在此限。

第4-1條 ★☆☆ ▢check

建築物除位於山坡地基地外，應依下列規定設置防水閘門(板)，並應符合直轄市、縣(市)政府之防洪及排水相關規定：

一、建築物地下層及地下層停車空間於地面層開向屋外之出入口及汽車坡道出入口，應設置高度自基地地面起算90公分以上之防水閘門(板)。

二、建築物地下層突出基地地面之窗戶及開口，其位於自基地地面起算90公分以下部分，應設置防水閘門(板)。

前項防水閘門(板)之高度，直轄市、縣(市)政府另有規定者，從其規定。

第4-2條 ★☆☆ ▢check

沿海或低窪之易淹水地區建築物得採用高腳屋建築，並應符合下列規定：

一、供居室使用之最低層樓地板及其水平支撐樑之底部，應在當地淹水高度以上，並增加一定安全高度；且最低層下部空間之最大高度，以其樓地板面不得超過3公尺，或以樓地板及其水平支撐樑之底部在淹水高度加上一定安全高度為限。

二、前款最低層下部空間，僅得作為樓梯間、昇降機間、梯廳、昇降機道、排煙室、坡道、停車空間或自來水蓄水池使用；其梯廳淨深度及淨寬度不得大於2公尺，緊急昇降機間及排煙室應依本編第一百零七條第一款規定之最低標準設置。

三、前二款最低層下部空間除設置結構必要之樑柱，樓梯間、昇降機間、昇降機道、梯廳、排煙室及自來水蓄水池所需之牆壁或門窗，及樓梯或坡道構造外，不得設置其他阻礙水流之構造或設施。

四、機電設備應設置於供居室使用之最低層以上。

五、建築物不得設置地下室，並得免附建防空避難設備。

前項沿海或低窪之易淹水地區、第一款當地淹水高度及一定安全高度，由直轄市、縣(市)政府視當地環境特性指定之。

第一項樓梯間、昇降機間、梯廳、昇降機道、排煙室、坡道及最低層之下部空間，得不計入容積總樓地板面積，其下部空間並得不計入建築物之層數及高度。

基地地面設置通達最低層之戶外樓梯及戶外坡道，得不計入建築面積及容積總樓地板面積。

第4-3條
★★☆
▢check

都市計畫地區新建、增建或改建之建築物，除本編第十三章山坡地建築已依水土保持技術規範規劃設置滯洪設施、個別興建農舍、建築基地面積300平方公尺以下及未增加建築面積之增建或改建部分者外，應依下列規定，設置雨水貯集滯洪設施：

一、於法定空地、建築物地面層、地下層或筏基內設置水池或儲水槽，以管線或溝渠收集屋頂、外牆面或法定空地之雨水，並連接至建築基地外雨水下水道系統。

二、採用密閉式水池或儲水槽時，應具備泥砂清除設施。

三、雨水貯集滯洪設施無法以重力式排放雨水者，應具備抽水泵浦排放，並應於地面層以上及流入水池或儲水槽前之管線或溝渠設置溢流設施。

四、雨水貯集滯洪設施得於四周或底部設計具有滲透雨水之功能，並得依本編第十七章有關建築基地保水或建築物雨水貯留利用系統之規定，合併設計。

前項設置雨水貯集滯洪設施規定，於都市計畫法令、都市計畫書或直轄市、縣(市)政府另有規定者，從其規定。

第一項設置之雨水貯集滯洪設施，其雨水貯集設計容量不得低於下列規定：

一、新建建築物且建築基地內無其他合法建築物者，以申請建築基地面積乘以**0.045**(立方公尺／平方公尺)。

二、建築基地內已有合法建築物者，以新建、增建或改建部分之建築面積除以法定建蔽率後，再乘以0.045(立方公尺／平方公尺)。

第5條

☆☆☆

▢check

建築基地內之雨水污水應設置適當排水設備或處理設備，並排入該地區之公共下水道。

第6條

☆☆☆

▢check

除地質上經當地主管建築機關認為無礙或設有適當之擋土設施者外，斷崖上下各2倍於斷崖高度之水平距離範圍內，不得建築。

第二節　牆面線、建築物突出部分

第7條

☆☆☆

▢check

為景觀上或交通上需要，直轄市、縣(市)政府得依法指定牆面線令其退縮建築；退縮部分，計入法定空地面積。

第8條

☆☆☆

▢check

基地臨接供通行之現有巷道，其申請建築原則及現有巷道申請改道，廢止辦法由直轄市、縣(市)政府定之。

基地他側同時臨接較寬之道路並為角地者，建築物高度不受現有巷道寬度之限制。

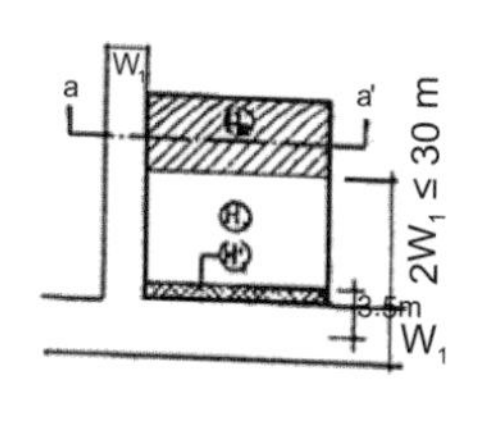

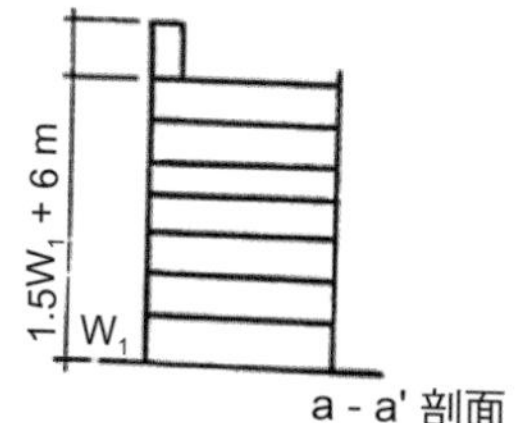

a - a' 剖面

W_1 計畫道路或指定建築線之現有巷道

W_2 指定建築線之現有巷道

若 $W_1 \geq W_1$

則 ▭ $H_1 = 1.5W_1 + 6m$，且應依第 14 條第 2 項之規定。

▨ $H_2 = H_1$，即不受 W_2 道路之限制，亦免受第 14 條第 2 項之限制。

▩ $H_1' = H_1$ 且 $H_1' \leq 9m$

第 8 條　圖 8

第9條

★★★

▢check

依本法第五十一條但書規定可突出建築線之建築物，包括左列各項：

一、紀念性建築物：紀念碑、紀念塔、紀念銅像、紀念坊等。

二、公益上有必要之建築物：候車亭、郵筒、電話亭、警察崗亭等。

三、臨時性建築物：牌樓、牌坊、裝飾塔、施工架、棧橋等，短期內有需要而無礙交通者。

四、地面下之建築物、對公益上

有必要之地下貫穿道等，但以不妨害地下公共設施之發展為限。

五、高架道路橋面下之建築物。

六、供公共通行上有必要之架空走廊，而無礙公共安全及交通者。

第10條 ★★☆ ▢check

架空走廊之構造應依左列規定：

一、應為防火構造或不燃材料所建造，但側牆不能使用玻璃等容易破損之材料裝修。

二、廊身兩側牆壁之高度應在1.5公尺以上。

三、架空走廊如穿越道路，其廊身與路面垂直淨距離不得小於4.6公尺。

四、廊身支柱不得妨害車道，或影響市容觀瞻。

第三節　建築物高度

第11條　〈移至建築構造編〉

第12條　〈移至建築構造編〉

第13條　〈移至建築構造編〉

第14條
★★☆
▢check

建築物高度不得超過基地面前道路寬度之1.5倍加6公尺。面前道路寬度之計算，依左列規定：

一、道路邊指定有牆面線者，計至牆面線。

二、基地臨接計畫圓環，以交會於圓環之最寬道路視為面前道路；基地他側同時臨接道路，其高度限制並應依本編第十六條規定。

三、基地以私設通路連接建築線，並作為主要進出道路者，該私設通路視為面前道路。但私設通路寬度大於其連接道路寬度，應以該道路寬度，視為基地之面前道路。

四、臨接建築線之基地內留設有私設通路者，適用本編第十六條第一款規定，其餘部份適用本條第三款規定。

五、基地面前道路中間夾有綠帶或河川，以該綠帶或河川兩側道路寬度之和，視為基地之面前道路，且以該基地直接臨接一側道路寬度之2倍為限。

前項基地面前道路之寬度未達7公尺者，以該道路中心線深進3.5公尺範圍內，建築物之高度不得超過9公尺。

特定建築物面前道路寬度之計算，適用本條之規定。

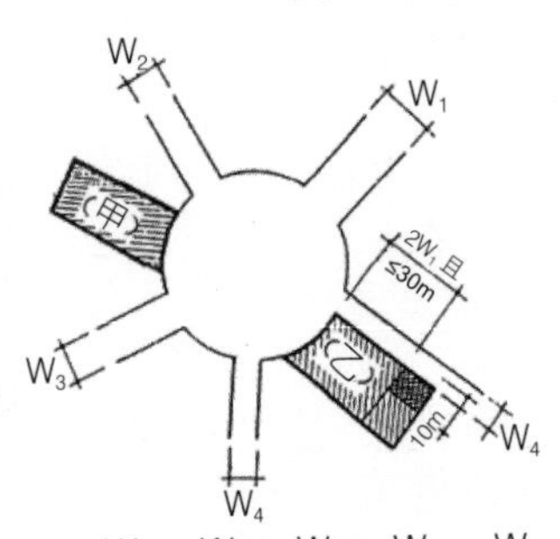

$W_1 > W_2 > W_3 > W_4$

甲、乙兩基地之面前路寬以 W_1 計算，但乙基地之建築物高度限制，同時受本編第16條規定之限制。

第14條　圖14-(1)

W_1 = 計畫道路　W_2 = 私設通路

$$0 \leq d = 10m - \frac{W_2}{2}$$

① 若 $W_1 > W_2$ 時，▭高度受 W_2 限制，建築物高度為 $1.5W_2+6m$，且應依第14條第2項之規定。

▨高度受 W_2 限制，建築物高度為 $1.5W_2+6m$

② 若 $W_1 \leq W_2$ 時，其建築物高度皆受 W_1 高度限制，建築物高度為 $1.5W_1+6m$，但 W_1 如未達6m，而 W_2 依本編第2條之規定應為6m時，W_2 之寬度得算至6m，並以 W_1 及 W_2 依本編第16條之規定限制高度。

第14條　圖14-(2)

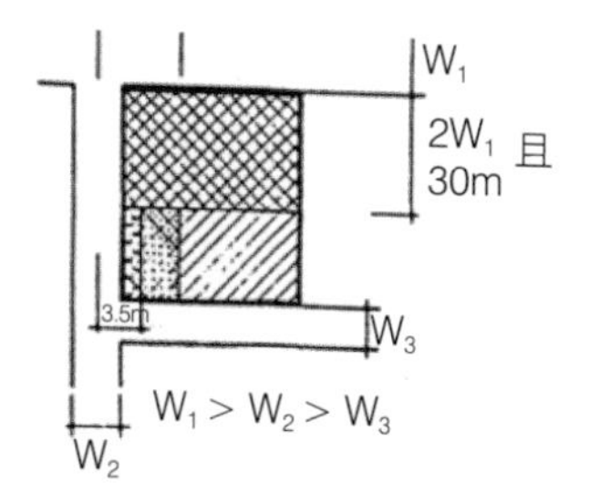

W_2未達 7m 之計畫道路

W_4未達 7m 之指定建築線之現有巷道

以 W_1 為面前道路

仍以 W_1 為面前道路，高度不受 W_3 之限制，亦不受第 14 條第 2 項限制

以 W_2 為面前道路

以 W_2 為面前道路，且高度 $h \leq 9m$

第 14 條　圖 14-(3)

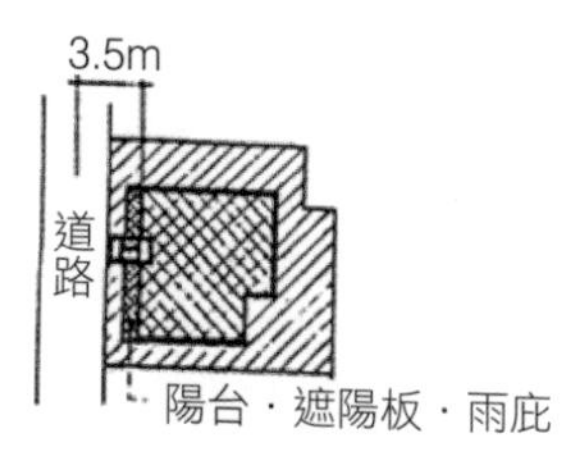

自路心深進 3.5m 範圍內，樓梯間 (含水箱)、電梯間 (含機械房)、女兒牆、陽台、屋簷、雨庇、遮陽板，其高度 (G.L. 起算) 可以超過 9m。

第 14 條　圖 14-(4)

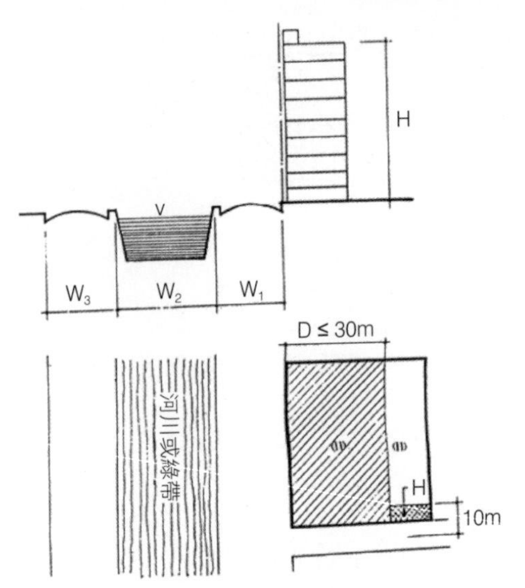

① W_3 為綠地或河川，建築物高度依第 14 條第 5 款

$H = 1.5\,(W_1+W_2)+6m$ 且 $H \leq 1.5(2W_1)+6m$

② 建築物高度依第 15 條第 1 款

$H = 1.5\,(W_1+W_3)$ 且 $H \leq 2W_1+6m$

以上①，②選擇較寬之規定適用之。

③ 本編第 15 條適用本圖例之規定。

內政部 77.6.8 台 (77) 內營字第 601414 號函訂正。

第 14 條　圖 14-(5)

第15條 ★☆☆ ▢check

基地周圍臨接或面對永久性空地，其高度限制如左：

一、基地臨接道路之對側有永久性空地，其高度不得超過該道路寬度與面對永久性空地深度合計之1.5倍，且以該基地臨接較寬(最寬)道路寬度之2倍加6公尺為限。

二、基地周圍臨接永久性空地，永久性空地之寬度與深度(或深度之和)應為20公尺以上，建築物高度以該基地臨接較寬(最寬)道路寬度之2倍加6公尺為限。

三、基地僅部份臨接或面對永久性空地，自臨接或面對永久性空地之部份，向未臨接或未面對之他側延伸相當於臨接或面對部份之長度，且未逾30公尺範圍者，適用前二款規定。

前項第一款如同時適用前條第五款規定者，選擇較寬之規定適用之。

第16條
★☆☆
▢check

基地臨接兩條以上道路，其高度限制如左：

一、基地臨接最寬道路境界線深進其路寬2倍且未逾30公尺範圍內之部分，以最寬道路視為面前道路。

二、前款範圍外之基地，以其他道路中心線各深進10公尺範圍內，自次寬道路境界線深進其路寬2倍且未逾30公尺，以次寬道路視為面前道路，並依此類推。

三、前二款範圍外之基地，以最寬道路視為面前道路。

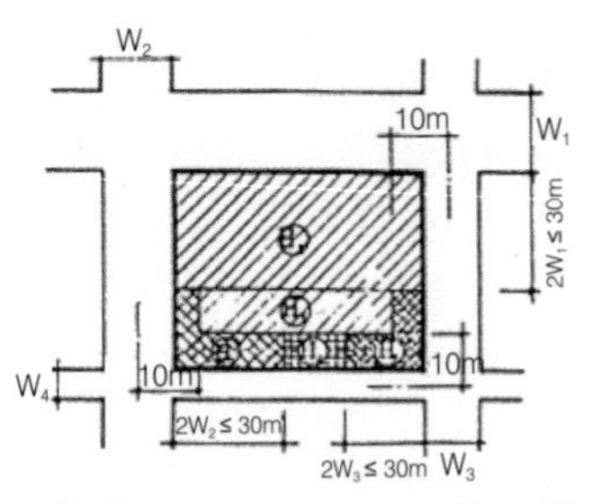

① 若 $W_1 > W_2 > W_3 > W_4$，則

- $H_1 = 1.5\,W_1 + 6m$
- $H_2 = 1.5\,W_2 + 6m$
- $H_3 = 1.5\,W_3 + 6m$
- $H_4 = 1.5\,W_4 + 6m$

② 本條純係對建築物容許高度之規定，與建築物之幢數，主要出入口方位之設計無關。如圖中以 W_1 為面前道路作為高度限制之部分，建築物之主要出入口非必面向 W_1 開設（可開向 W_2）。基地內也非必限制為一幢建築物（可按圖示之高度限制配置多幢建築物）。

第16條　圖16-(1)

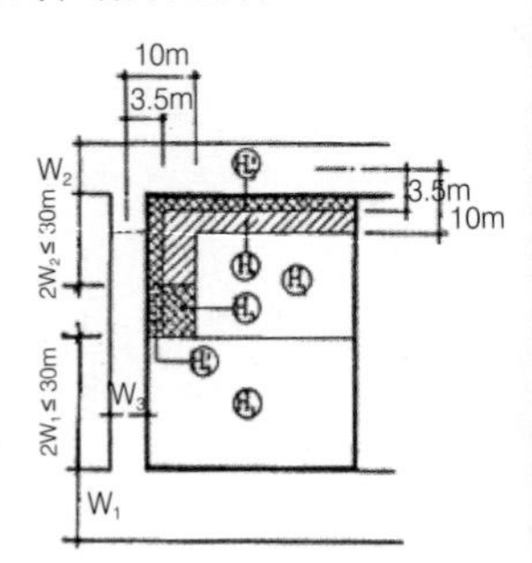

設 $W_1 > W_2 > W_3$，
$W_2 < 7m$，$W_3 < 7m$，

- $H_1 = 1.5\,W_1 + 6m$
- $H_2 = 1.5\,W_2 + 6m$
- $H_2' = 1.5\,W_2 + 6m$，且 $H_2 \leq 9m$
- $H_3 = 1.5\,W_3 + 6m$
- $H_3' = 1.5\,W_3 + 6m$，且 $H_3 \leq 9m$

如有現有巷道時，依第8條之規定。

第16條　圖16-(2)

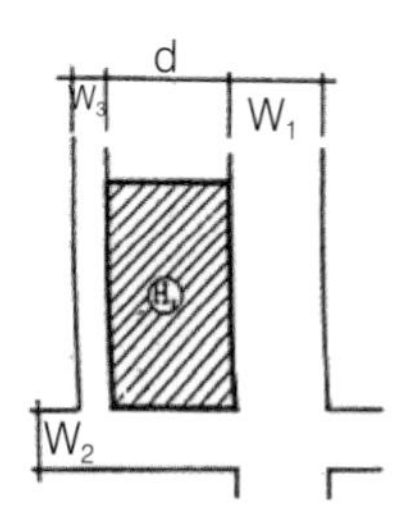

若基地對於道路 W_1 之深度為 d，$d \leq 2W_1$，且 $d \leq 30m$ 時則基地全部以 W_1 為面前道路 $H_1 = 1.5W_1 + 6m$

第 16 條　圖 16-(3)

第16-1條（刪除）
~
第18條　（刪除）

第19條
☆☆☆
▢check

基地臨接道路盡頭，以該道路寬度，作為面前道路。但基地他側臨接較寬道路，建築物高度不受該盡頭道路之限制。

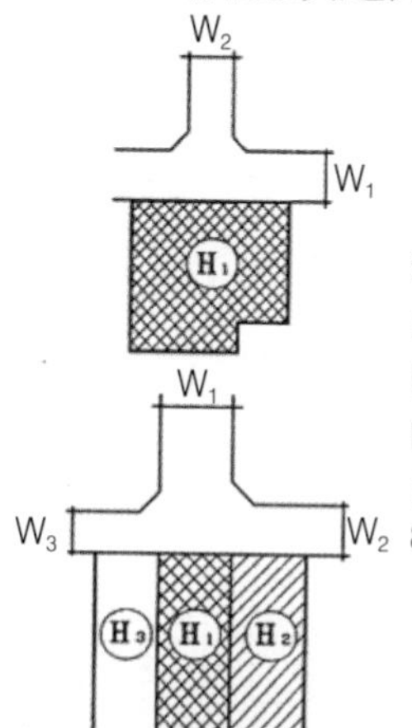

若 $W_1 > W_2$，其高度限制如圖示：

$H_1 = 1.5W_1 + 6m$

$H_2 = 1.5W_2 + 6m$

$H_3 = 1.5W_3 + 6m$

內政部 80.8.1 台 (80) 內營字第 8080171 號函訂正

第 19 條　圖 19-(1)

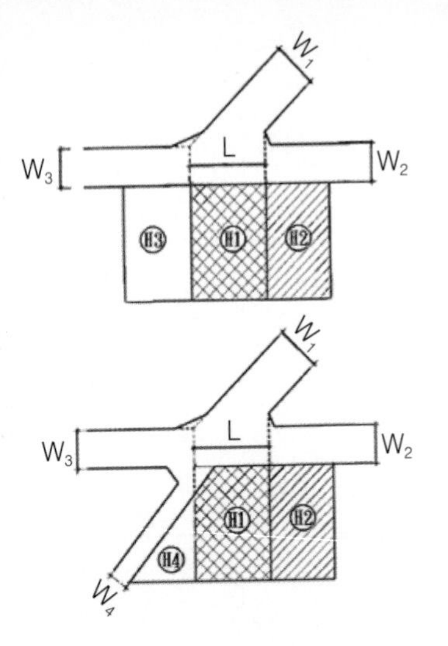

若 $W_1 > W_2$，其高度限制如圖示：

（一）$H1 = 1.5W_1 + 6m$

$H2 = 1.5W_2 + 6m$

$H3 = 1.5W_3 + 6m$

（二）H4 部分依建築技術規則建築設計施工編第十六條規定檢討辦理。

基地臨接 W_1 之臨接長度為 L。

第 19 條　圖 19-(2)

第20條　(刪除)

～

第22條　(刪除)

第23條
★★★
▢check

住宅區建築物之高度不得超過**21公尺**及**7層樓**。但合於下列規定之一者，不在此限。其高度超過**36公尺**者，應依本編第二十四條規定：

一、基地面前道路之寬度，在直轄市為**30公尺**以上，在其他地區為**20公尺**以上，且臨接該道路之長度各在**25公尺**以上。

二、基地臨接或面對永久性空地，其臨接或面對永久性空地之長度在25公尺以上，且永久性空地之平均深度與寬度各在25公尺以上，面積在5000平方公尺以上。

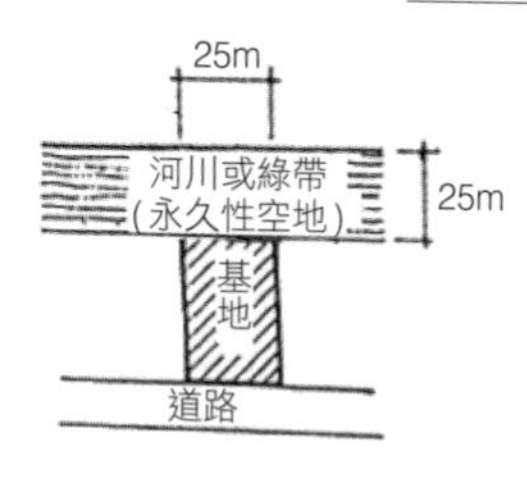

① 基地臨接(或面對)河川，綠帶等帶狀之永久性空地時，其深度在25m以上者，免核算該永久性空地之面積，視為符合超高條件。

② 本編第24條比照上開原則辦理。

第23條 圖23-(1)

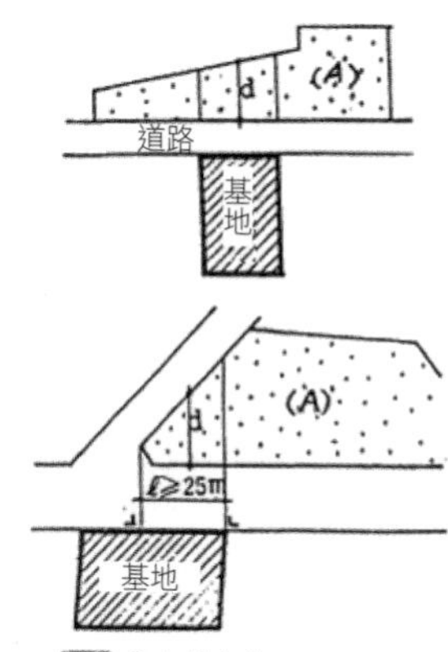

① 基地面對(或臨接)之永久性空地其深度不等時，以面對(或臨接)部分之平均深度(d)為準。即 d ≥ 25m，並核算該永久性空地之總面積(A)。

$A \geq 5000m^2$

② 本編第24條比照上開原則辦理。

第23條 圖23-(2)

第24條 ★☆☆ ▢check

未實施容積管制地區建築物高度不得超過36公尺及12層樓。但合於下列規定之一者，不在此限：

一、基地面積在1500平方公尺以上，平均深度在30公尺以上，且基地面前道路之寬度在30公尺以上，臨接該道路之長度在30公尺以上。

二、基地面積在1500平方公尺以上，平均深度在30公尺以上，且基地面前道路之寬度在20公尺以上，該基地面前道路對側或他側(或他側臨接道路之對側)臨接永久性空地，面對或臨接永久性空地之長度在30公尺以上，且永久性空地之平均深度與寬度各在30公尺以上，面積在5000平方公尺以上。

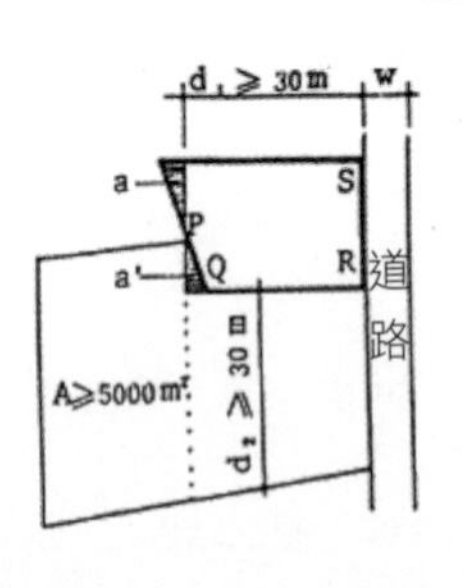

① 若 a = a' (面積)，則
基地深度 = 基地平均深度 (d_1)
基地寬度 = 臨接通路長度 (SR)

② 基地臨接永久性空地之長度
=PQ+QR ≥ 30m

③ 臨接部分之永久性空地平均深度
$d_2 \geq 30m$

第24條　圖24

第24-1條 ☆☆☆ ▢check

用途特殊之雜項工作物其高度必須超過35公尺方能達到使用目的，經直轄市、縣(市)主管建築機關認為對交通、通風、採光、日照及安全上無礙者，其高度得超過35公尺。

第四節　建蔽率

第25條 ☆☆☆ ▢check

基地之建蔽率，依都市計畫法及其他有關法令之規定；其有未規定者，得視實際情況，由直轄市、縣(市)政府訂定，報請中央主管建築機關核定。

第26條 ★☆☆ ▢check

基地之一部份有左列情形之一者，該部分(包括騎樓面積)之全部作為建築面積：

一、基地之一部份，其境界線長度在商業區有1/2以上，在其他使用區有2/3以上臨接道路或永久性空地，全部作為建築面積，並依左表計算之：

使用分區 \ 全部作建築面積 \ 基地情況	1/2 臨接	2/3 臨接	全部臨接
商業區	500 平方公尺	800 平方公尺	1000 平方公尺
其他使用分區		500 平方公尺	800 平方公尺

說明：
(一) 基地依表列選擇較寬之規定適用之。
(二) 臨接道路之長度因角地截角時，以未截角時之長度計算。
(三) 所稱面前道路，不包括私設通路及類似通路。
(四) 道路有同編第十四條第五款規定之情形者，本條適用之。

二、基地臨接永久性空地，自臨接永久性空地之基地境界線，垂直縱深**10**公尺以內部分。

前項第一款、第二款之面前道路寬度及永久性空地深度應在**8**公尺以上。

基地如同時合於第一項第一款及第二款規定者，得選擇較寬之規定適用之。

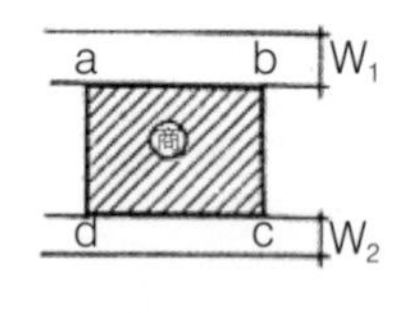

設基地為商業區時，

W_1，$W_2 \geq 8m$

$\ell = ab+dc$

$S = ab+bc+cd+da$

若 $\ell \geq 2S/3$，則

$800m^2$ 部分得全部作為建築面積，餘類推。

第 26 條　圖 26-(1)

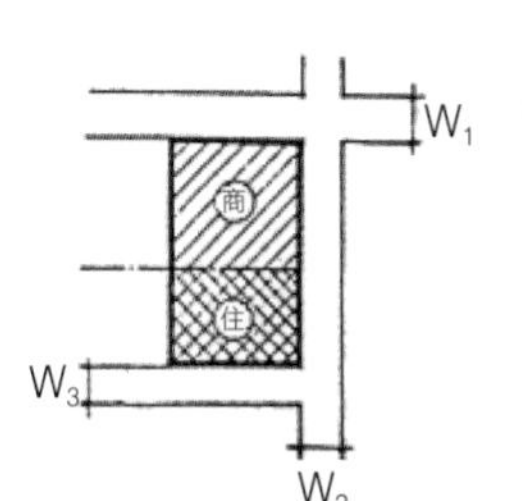

基地為路線商業區

W_1，W_2，$W_3 \geq 8m$

依下列方式之一計算。

① 基地全部視為住宅區，即 $500m^2$ 部分得全部作為建築基地。

② 僅就商業區之部分適用第 26 條規定，亦即 $500m^2$ 部分得全部作為建築面積。

③ 其他有兩種使用分區者，比照上開原則辦理。

第 26 條　圖 26-(2)

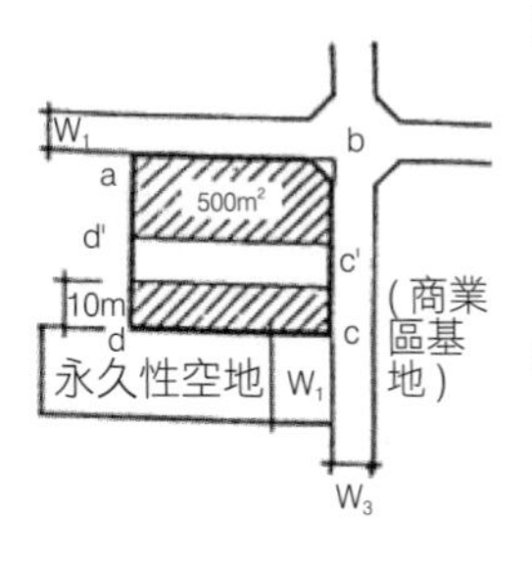

① 設 W_1，W_2，$W_3 \geq 8m$，以商業區基地為例，依本條第一項第一款定計算 ℓ = ab+bc+cd，s = ab+bc+cd+da，$\ell \geq 2S/3$ 時，$800m^2$ 以內得全部作為建築面積。

② 同時適用本條第一項第一、二款規定：

(1) ℓ = ab+bc'，s=ab+bc'+c'd'+d'a $\ell \geq 1S/2$ 時，$500m^2$ 以內得全部作為建築面積。

(2) 由 dc 臨接部分垂直縱深 10m 全部作為建築面積。

(3) 由以上 (1)+(2)= 可作為全部建築面積部分(不得重複計算)

依①式及②式計算，以較寬之規定適用之。

第 26 條　圖 26-(3)

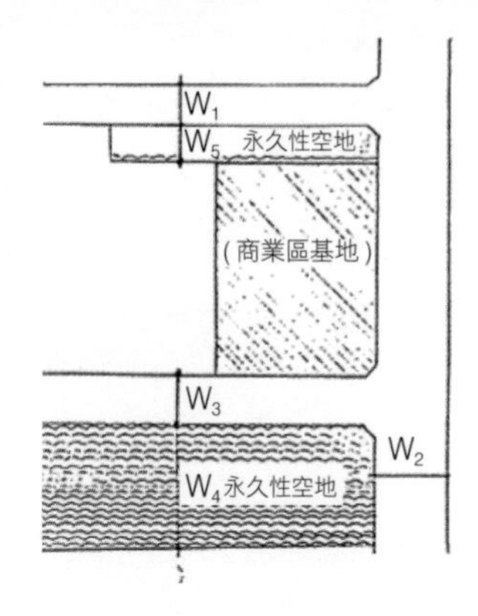

設 $W_2 \geq 8m$，以商業區基地為例，若 W_1，W_3，$W_5 < 8m$，其對側為永久性空地且 $W_1+W_5 \geq 8m$ 或 $W_3+W_4 \geq 8m$ 時，則本基地視同合於第二項規定。但面前道路寬度之計算仍應依第 14 條各款之規定。

七十三台內營字第二六七六七〇號

第 26 條　圖 26-(4)

第27條

★★☆

▢check

建築物地面層超過5層或高度超過15公尺者，每增加1層樓或4公尺，其空地應增加2%。

不增加依前項及本編規定核計之建築基地允建地面層以上最大總樓地板面積及建築面積者，得增加建築物高度或層數，而免再依前項規定增加空地，但建築物高度不得超過本編第二章第三節之高度限制。

住宅、集合住宅等類似用途建築物依前項規定設計者，其地面1層樓層高度，不得超過4.2公尺，其他各樓層高度均不得超過3.6公尺；設計挑空者，其挑空部分計入前項允建地面層以上最大總樓地板面積。

第28條 ☆☆☆ ▢check

商業區之法定騎樓或住宅區面臨15公尺以上道路之法定騎樓所占面積不計入基地面積及建築面積。

建築基地退縮騎樓地未建築部分計入法定空地。

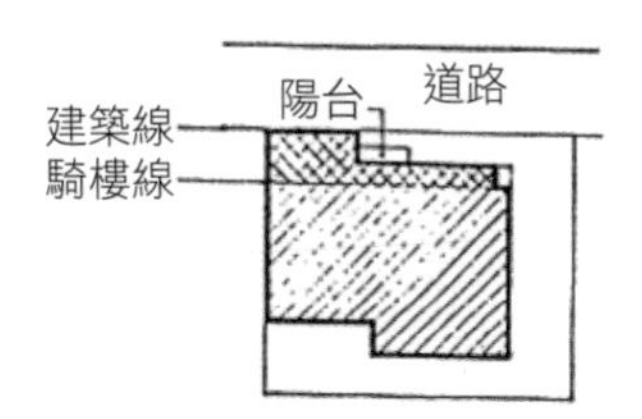

▢ 計入法定空地面積

▩ 不計入基地面積及建築面積

▨ 計算建蔽率時之建築面積

① 如規定須留設法定騎樓而退縮樓地建築時，不論屬何分區退縮騎樓均得以空地計算。如部分留設騎樓部分退縮為空地，退縮部分得計入基地面積之空地。

② 退縮騎樓地上方如設置陽台時，該陽台突出外牆中心線之部分合於本編第一條第三款規定者該退縮騎樓地准予計入空地計算，但淨高仍應大於法定騎樓高度。

③ 法定騎樓一樓退縮，二樓以上外牆以無柱式挑出而未至建築線時，挑出部分至建築線間之空地仍得以法定空地計算。

第28條　圖28

第29條 ☆☆☆ ▢check

建築基地跨越2個以上使用分區時，應保留空地面積，建築物高度，應依照各分區使用之規定分別計算，但空地之配置不予限制。

第五節 容積率

第30條 (刪除)

第30-1條 (刪除)

第六節 地板、天花板

第31條 ★☆☆ ▢check

建築物最下層居室之實鋪地板，應為厚度**9**公分以上之混凝土造並在混凝土與地板面間加設有效防潮層。其為空鋪地板者，應依左列規定：

一、空鋪地板面至少應高出地面**45**公分。

二、地板四週每**5**公尺至少應有通風孔一處，且須具有對流作用者。

三、空鋪地板下，須進入者應留進入口，或利用活動地板開口進入。

第32條 天花板之淨高度應依左列規定：

★★★

○check

一、學校教室不得小於3公尺。

二、其他居室及浴廁不得小於2.1公尺，但高低不同之天花板高度至少應有一半以上大於2.1公尺，其最低處不得小於1.7公尺。

第七節　樓梯、欄杆、坡道

第33條 建築物樓梯及平臺之寬度、梯級之尺寸，應依下列規定：

★★★

○check

用途類別	樓梯及平臺寬度	級高尺寸	級深尺寸
一、小學校舍等供兒童使用之樓梯。	1.40公尺以上	16公分以下	26公分以上
二、學校校舍、醫院、戲院、電影院、歌廳、演藝場、商場(包括加工服務部等，其營業面積在1500平方公尺以上者)，舞廳、遊藝場、集會堂、市場等建築物之樓梯。	1.40公尺以上	18公分以下	26公分以上
三、地面層以上每層之居室樓地板面積超過200平方公尺或地下面積超過200平方公尺者。	1.20公尺以上	20公分以下	24公分以上
四、第一、二、三款以外建築物樓梯。	75公分以上	20公分以下	21公分以上

說明：
一、表第一、二欄所列建築物之樓梯，不得在樓梯平臺內設置任何梯級，但旋轉梯自其級深較窄之一邊起30公分位置之級深，應符合各欄之規定，其內側半徑大於30公分者，不在此限。
二、第三、四欄樓梯平臺內設置扇形梯級時比照旋轉梯之規定設計。
三、依本編第九十五條、第九十六條規定設置戶外直通樓梯者，樓梯寬度，得減為90公分以上。其他戶外直通樓梯淨寬度，應為75公分以上。
四、各樓層進入安全梯或特別安全梯，其開向樓梯平臺門扇之迴轉半徑不得與安全或特別安全梯內樓梯寬度之迴轉半徑相交。
五、樓梯及平臺寬度二側各10公分範圍內，得設置扶手或高度50公分以下供行動不便者使用之昇降軌道；樓梯及平臺最小淨寬仍應為75公分以上。
六、服務專用樓梯不供其他使用者，不受本條及本編第四章之規定。

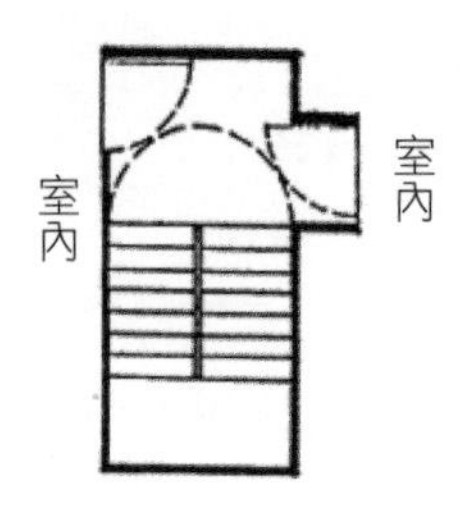

① 各樓層進入安全梯或特別安全梯，其向樓梯平台開門之門扇迴轉半徑不得與安全梯內樓梯寬度之迴轉半徑相交。

② 設於避難出口經常保持關閉狀態之防火門(安全門)應免用鑰匙即可開啟且有能自動關閉之裝置，除供住宅使用者外防火門應向避難方向開啟(如圖示)。

③ 所稱「住宅」，係包括集合住宅。

第33條　圖33

第34條
★☆☆
▢check

前條附表第一、二欄樓梯高度每3公尺以內，其他各欄每4公尺以內應設置平台，其深度不得小於樓梯寬度。

第35條
★☆☆
▢check

自樓梯級面最外緣量至天花板底面、梁底面或上一層樓梯底面之垂直淨空距離，不得小於190公分。

第36條
★★★
▢check

樓梯內兩側均應裝設距梯級鼻端高度75公分以上之扶手，但第三十三條第三、四款有壁體者，可設一側扶手，並應依左列規定：

一、樓梯之寬度在3公尺以上者，應於中間加裝扶手，但級高在15公分以下，且級深在30公分以上者得免設置。

二、樓梯高度在1公尺以下者得免裝設扶手。

第37條
☆☆☆
▢check

樓梯數量及其應設置之相關位置依本編第四章之規定。

第38條
★★☆
▢check

設置於露臺、陽臺、室外走廊、室外樓梯、平屋頂及室內天井部分等之欄桿扶手高度，不得小於1.10公尺；10層以上者，不得小於1.20公尺。

建築物使用用途為A-1、A-2、B-2、D-2、D-3、F-3、G-2、H-2組者，前項欄桿不得設有可供直徑10公分物體穿越之鏤空或可供攀爬之水平橫條。

第39條
★★☆
▢check

建築物內規定應設置之樓梯可以坡道代替之，除其淨寬應依本編第三十三條之規定外，並應依左列規定：

一、坡道之坡度，不得超過1:8。

二、坡道之表面，應為粗面或用其他防滑材料處理之。

第八節　日照、採光、通風、節約能源

第39-1條
★☆☆
▢check

新建或增建建築物高度超過21公尺部分，在冬至日所造成之日照陰影，應使鄰近之住宅區或商業區基地有1小時以上之有效日照。但符合下列情形之一者，不在此限：

一、基地配置單幢建築物，且其投影於北向面寬不超過10公尺。

二、建築物外牆面自基地北向境界線退縮6公尺以上淨距離，且投影於北向最大面寬合計

不超過20公尺。基地配置之各建築物，其相鄰間最外緣部位連線角度在12.5度以上時，該相鄰建築物投影於北向之面寬得分別計算。

三、基地及北向鄰近基地均為商業區，且在基地北向境界線已依都市計畫相關規定，留設**3**公尺以上前院、後院或側院。

基地配置之各建築物，應合併檢討有效日照。但符合下列各款規定者，各建築物得個別檢討有效日照：

一、各建築物外牆面自基地北向境界線退縮6公尺以上淨距離，如基地北向鄰接道路者，其北向道路寬度得合併計算退縮距離。

二、建築物相鄰間最外緣部位連線角度在12.5度以上，且建築物相鄰間淨距離在6公尺以上；或最外緣部位連線角度在37.5度以上，且建築物相鄰間淨距離在3公尺以上。

前二項檢討有效日照之建築物範圍，應包括不計入建築面積及建築物可產生日照陰影之部分。
基地境界線任一點之法線與正北向夾角在45度以下時，該境界線視為北向境界線。

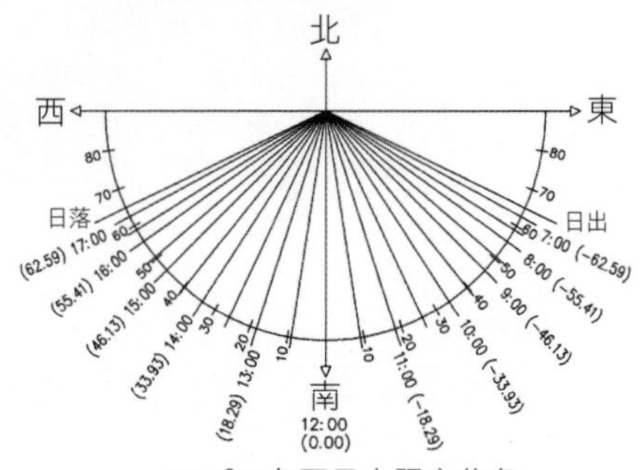

23.5°N 冬至日太陽方位角

第 39-1 條　圖 39-1-(1)

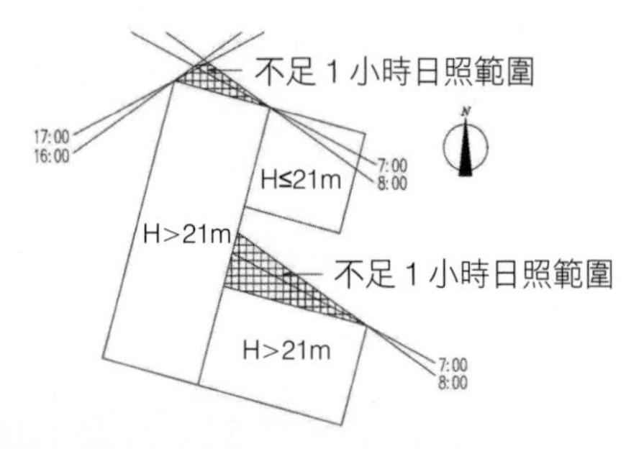

① 建築物高度不超過 21m 部分，免檢討日照陰影。

② 依建築物最外緣 (含不計入建築面積及建築物可產生日照陰影之部分) 檢討日照陰影。

第 39-1 條　圖 39-1-(2)

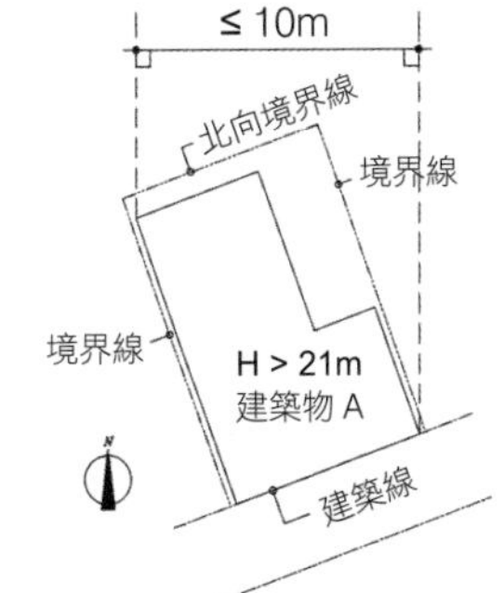

單幢建築物投影於北向之寬度不超過 10m，免檢討日照陰影。

第 39-1 條　圖 39-1-(3)

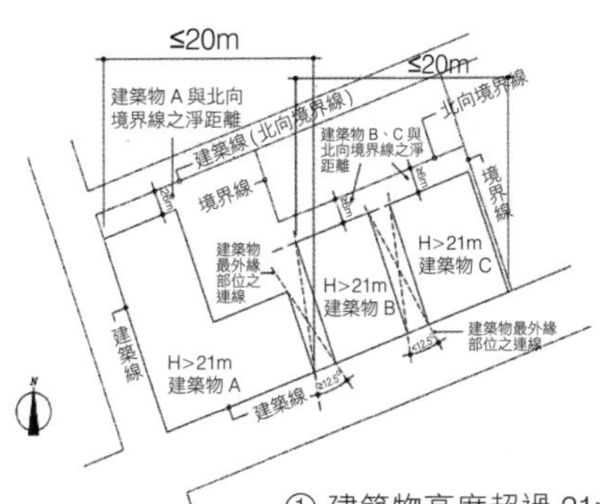

① 建築物高度超過 21m 部分，若各建築物相鄰間最外，且外牆面任一點自北向，免檢討日照陰影。

② 建築物高度超過 21m 部分，若各相鄰建築物最外緣部位連線角度未達 12.5°，各建築物應合併檢討投影於北向之面寬不超過 20m，且各建築物外牆面任一點自北向境界線退縮 6m 以上 淨距離時，免檢討日照陰影。

第 39-1 條　圖 39-1-(4)

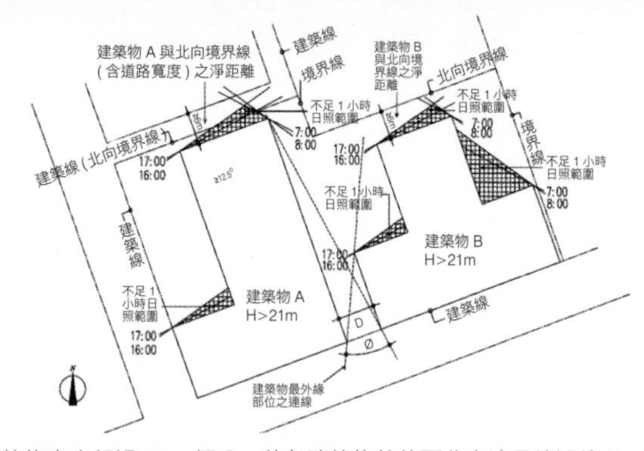

建築物高度超過 21m 部分，若各建築物外牆面北向境界線退縮 6m 以上淨距離。且符合下列條件之一者，各建築物得分別檢討有效日照：

① 各建築物相鄰間最外緣部位連線角度 (Ø) 在 12.5° 以上，且建築物相鄰間淨距離 (D) 在 6m 以上。

② 各建築物相鄰間最外緣部位連線角度 (Ø) 在 37.5° 以上，且建築物相鄰間淨距離 (D) 在 3m 以上。

第 39-1 條　圖 39-1-(5)

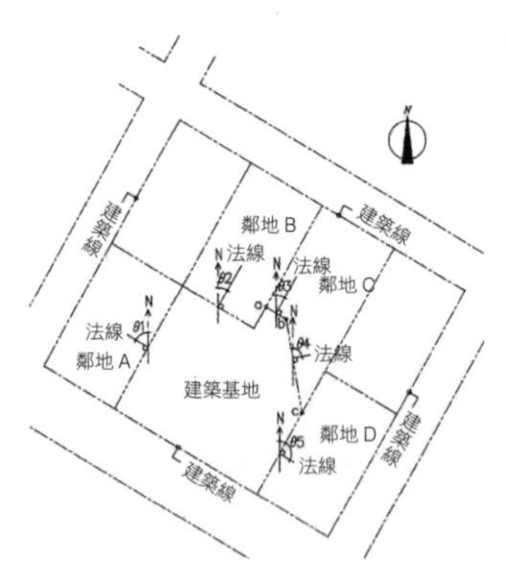

① 基地境界線任一點法線 (即垂直於該點切線朝向鄰地之直線) 與正北向之夾角 θ≤45° 時，該基地境界線視為北向境界線。

② 鄰近基地北向境界線檢討：
1. 鄰地 A：若 θ1>45°，不視為北向境界線。
2. 鄰地 B：若 θ2≤45°，視為北向境界線。
3. 鄰地 C：若 θ3≤45°，ab 視為北向境界線。若 θ4>45°，bc 不視為北向境界線。
4. 鄰地 D：若 θ5>45°，不視為北向境界線。

第 39-1 條　圖 39-1-(6)

第40條
☆☆☆
▢check

住宅至少應有一居室之窗可直接獲得日照。

第41條
★★★
▢check

建築物之居室應設置採光用窗或開口，其採光面積依下列規定：

一、幼兒園及學校教室不得小於樓地板面積1/5。
二、住宅之居室，寄宿舍之臥室，醫院之病房及兒童福利設施包括保健館、育幼院、育嬰室、養老院等建築物之居室，不得小於該樓地板面積1/8。
三、位於地板面以上75公分範圍內之窗或開口面積不得計入採光面積之內。

第42條
★☆☆
▢check

建築物外牆依前條規定留設之採光用窗或開口應在有效採光範圍內並依下式計算之：

一、設有居室建築物之外牆高度(採光用窗或開口上端有屋簷時為其頂端部分之垂直距離)(H)與自該部分至其面臨鄰地境界線或同一基地內之他幢建築物或同一幢建築物內相對部分(如天井)之水平距離(D)之比，不得大於下表規定：

	土地使用區	H/D
(1)	住宅區、行政區、文教區	4/1
(2)	商業區	5/1

二、前款外牆臨接道路或臨接深度6公尺以上之永久性空地者，免自境界線退縮，且開口應視為有效採光面積。

三、用天窗採光者，有效採光面積按其採光面積之3倍計算。

四、採光用窗或開口之外側設有寬度超過2公尺以上之陽臺或外廊(露臺除外)，有效採光面積按其採光面積70%計算。

五、在第一款表所列商業區內建築物；如其水平間距已達五公尺以上者，得免再增加。

六、住宅區內建築物深度超過10公尺，各樓層背面或側面之採光用窗或開口，應在有效採光範圍內。

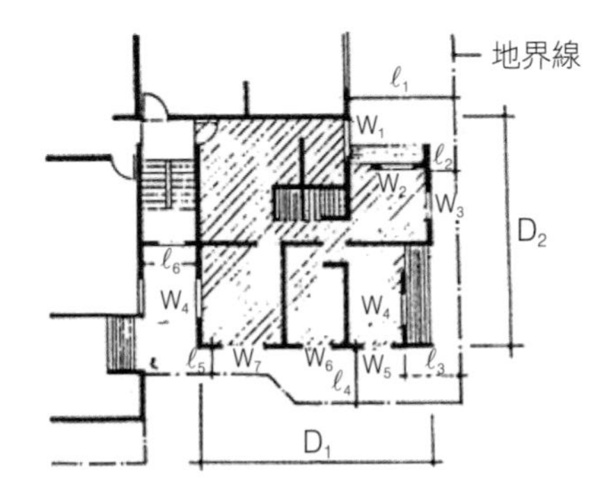

若ℓ_2，ℓ_5，ℓ_6 < 有效採光距離 (L)；D_1 及 D_2 > 10m

① 則 W_3，W_7，W_8 為無效之採光開口，其面積不得計入採光面積。

② 設陽台均小於 1.5m 寬度，除 W_1 臨接陽台之部分，其有效採光面積應按 0.7 計算外，其餘均有效採光開口。

③ 若 W1，W2，W4，W5，W6 之有效採光面積之和 (地板面以上 50cm 範圍內不得計入) 為 Σa，居室樓地板面積即圖中斜線部分 (不包括本編第 1 條第 16 款所稱之樓梯走廊浴廁等非居室部分) F.A.，則 Σa ≥ F.A./8。

④ 有效採光距離之保持係以建築物外牆為準，故居室樓地板內仍可隔間。

⑤ 住宅區建築物，深度超過 10m 者，至少應有一面 (背面或側面) 在有效採光範圍內，其他各面雖不在有效採光內，如符合 45 條水平距離 (即 1m) 者，仍可開窗，惟不得計入有效採光面積。如本圖例，若 D_1 及 D_2>10m 時，至少應有一面之外牆在有效採光範圍內；設其右側外牆為有效採光，此時應調整設計平面，使ℓ_2之值符合有效採光之規定。

⑥ 住宅區之建築物深度在 10m 以內時，不檢討各面之採光距離。各層背面及側面如有開窗時，亦不予限制採光距離，惟前述各立面開口採光面積總計仍須符合第 41 條規定。

第 42 條　圖 42-(1)

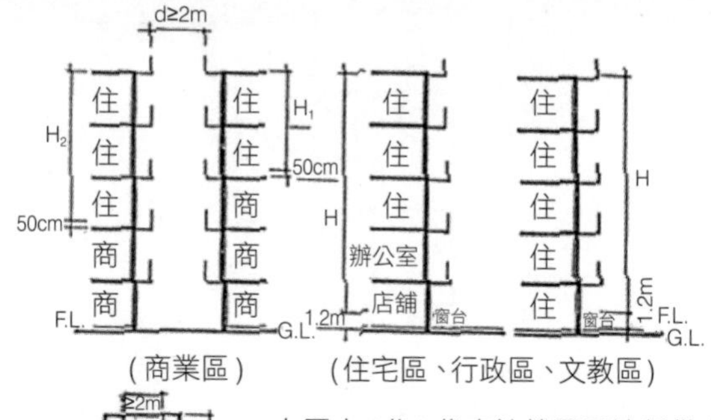

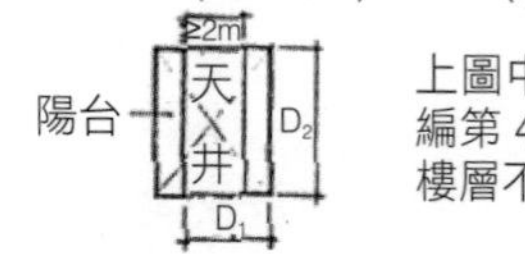

上圖中 (住) 代表該樓層用途係供本編第 41 條各款之使用，(商) 代表該樓層不供上開條款規定之使用

① 建築物外牆依規定留有採光用窗或開口時，其同一基地內之他棟建築物或同棟建築物之對面部分 (如天井) 之有效採光距離 D，係指面對之外牆間之水平淨距離。

② 天井部分各向之 D/H 值均應分別核算 (即圖中 D_1，D_2 與 H 之比值)。

③ 依前條第三款之規定，位於地板面 50cm 範圍內之窗或開口面積不得計入有效採光面積內，故本條關於高度 (H) 之計算應由地板面 50cm 之高度起算計至建築物外牆最高部分之垂直高度，符合本編第 1 條第 7 款之屋頂突出物不予計入外牆高度。

④ 門窗開向陽台時如圖 42-(1) 第②點說明規定計算，若相正對之兩面均設有陽台時，其有效採光僅扣減一面之陽台，即水平淨距離 (D)，應自任一面之外整面計至對面陽台之外緣如圖中 D_1。

⑤ 商業區建築物水平間距達 5m 以上，其他使用分區水平間距離 6m 以上者 (空地、道路及永久性空地寬度之和) 免再增加。

⑥ 住宅區建築物，不因部分樓層設置辦公室或店鋪而減少其採光高度。

第 42 條　圖 42-(2)

第43條
★★☆
▢check

居室應設置能與戶外空氣直接流通之窗戶或開口，或有效之自然通風設備，或依建築設備編規定設置之機械通風設備，並應依下列規定：

一、一般居室及浴廁之窗戶或開口之有效通風面積，不得小於該室樓地板面積5%。但設置符合規定之自然或機械通風設備者，不在此限。

二、廚房之有效通風開口面積，不得小於該室樓地板面積1/10，且不得小於0.8平方公尺。但設置符合規定之機械通風設備者，不在此限。廚房樓地板面積在100平方公尺以上者，應另依建築設備編規定設置排除油煙設備。

三、有效通風面積未達該室樓地板面積1/10之戲院、電影院、演藝場、集會堂等之觀眾席及使用爐灶等燃燒設備之鍋爐間、工作室等，應設置符合規定之機械通風設備。但所使用之燃燒器具及設備可直接自戶外導進空氣，並能將所發生之廢氣，直接排至戶外而無污染室內空氣之情形者，不在此限。

前項第二款廚房設置排除油煙設備規定，於空氣污染防制法相關法令或直轄市、縣(市)政府另有規定者，從其規定。

第44條
★☆☆
▢check

自然通風設備之構造應依左列規定：

一、應具有防雨、防蟲作用之進風口，排風口及排風管道。

二、排風管道應以不燃材料建造，管道應儘可能豎立並直通戶外。除頂部及1個排風口外，不得另設其他開口，一般居室及無窗居室之排風管有效斷面積不得小於左列公式之計算值；

$$A_v = \frac{A_f}{250\sqrt{h}}$$

其中A_v：排風管之有效斷面積，單位為平方公尺。

A_f：居室之樓地板面積(該居室設有其他有效通風開口時應為該居室樓地

板面積減去有效通風面積20倍後之差)，單位為平方公尺。

h： 自進風口中心量至排風管頂部出口中心之高度，單位為公尺。

三、進風口及排風口之有效面積不得小於排風管之有效斷面積。

四、進風口之位置應設於天花板高度1/2以下部份，並開向與空氣直流通之空間。

五、排風口之位置應設於天花板下80公分範圍內，並經常開放。

第45條 ★☆☆ ▢check

建築物外牆開設門窗、開口，廢氣排出口或陽臺等，依下列規定：

一、門窗之開啟均不得妨礙公共交通。

二、緊接鄰地之外牆不得向鄰地方向開設門窗、開口及設置陽臺。但外牆或陽臺外緣距離境界線之水平距離達1公尺以上時，或以不能透視之固定玻璃磚砌築者，不在此限。

三、同一基地內各幢建築物間或同一幢建築物內相對部份之外牆開設門窗、開口或陽臺，其相對之水平淨距離應在2公尺以上；僅一面開設者，其水平淨距離應在1公尺以上。但以不透視之固定玻璃磚砌築者，不在此限。

四、向鄰地或鄰幢建築物，或同一幢建築物內之相對部分，裝設廢氣排出口，其距離境界線或相對之水平淨距離應在2公尺以上。

五、建築物使用用途為H-2、D-3、F-3組者，外牆設置開啟式窗戶之窗臺高度不得小於1.10公尺；10層以上不得小於1.20公尺。但其鄰接露臺、陽臺、室外走廊、室外樓梯、室內天井，或設有符合本編第三十八條規定之欄杆、依本編第一百零八條規定設置之緊急進口者，不在此限。

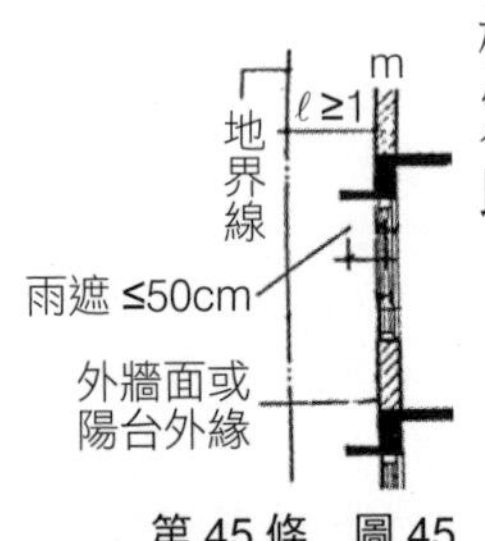

第45條　圖45

第45-1條（刪除）
～
第45-8條（刪除）

第九節 防音

第46條
★☆☆
▢check

新建或增建建築物之空氣音隔音設計，其適用範圍如下：

一、寄宿舍、旅館等之臥室、客房或醫院病房之分間牆。

二、連棟住宅、集合住宅之分戶牆。

三、昇降機道與第一款建築物居室相鄰之分間牆，及與前款建築物居室相鄰之分戶牆。

四、第一款及第二款建築物置放機械設備空間與上層或下層居室分隔之樓板。

新建或增建建築物之樓板衝擊音隔音設計，其適用範圍如下：

一、連棟住宅、集合住宅之分戶樓板。

二、前款建築物昇降機房之樓板，及置放機械設備空間與下層居室分隔之樓板。

第46-1條 本節建築技術用詞，定義如下：

★★☆

▢check

一、隔音性能：指牆壁、樓板等構造阻隔噪音量之物理性能。

二、機械設備：指給水、排水設備、消防設備、燃燒設備、空氣調節及通風設備、發電機、昇降設備、汽機車昇降機及機械停車設備等。

三、空氣音隔音指標(Rw)：指依中華民國國家標準CNS 15160-3及CNS 15316測試，並依CNS 8465-1評定牆、樓板等建築構件於實驗室測試之空氣傳音衰減量。

四、樓板衝擊音指標(Ln,w)：指依中華民國國家標準CNS 15160-6測試，並依CNS 8465-2評定樓板於實驗室測試之衝擊音量。

五、樓板表面材衝擊音降低量指標(△Lw)：指依中華民國國家標準CNS 15160-8測試，並依CNS 8465-2評定樓板表面材(含緩衝材)於實驗室測試之衝擊音降低量。

六、總面密度：指面密度為板材單位面積之重量，其單位為公斤／平方公尺；由多層板材複合之牆板，其總面密度為各層板材面密度之總和。

七、動態剛性(s')：指緩衝材受動態力時，其動態應力與動態變形量之比值，其單位為百萬牛頓／立方公尺。

第46-2條 ☆☆☆ ▢check

分間牆、分戶牆、樓板或屋頂應為無空隙、無害於隔音之構造，牆壁應自樓板建築至上層樓板或屋頂，且整體構造應相同或由具同等以上隔音性能之構造組合而成。

管線貫穿分間牆、分戶牆或樓板造成空隙時，應於空隙處使用軟質填縫材進行密封填塞。

第46-3條 ★☆☆ ▢check

分間牆之空氣音隔音構造，應符合下列規定之一：

一、鋼筋混凝土造或密度在2300公斤／立方公尺以上之無筋混凝土造，含粉刷總厚度在10公分以上。

二、紅磚或其他密度在1600公斤／立方公尺以上之實心磚造，含粉刷總厚度在12公分以上。

三、輕型鋼骨架或木構骨架為底，兩面各覆以石膏板、水泥板、纖維水泥板、纖維強化水泥板、木質系水泥板、氧化鎂板或硬質纖維板，其板材總面密度在44公斤／平方公尺以上，板材間以密度在60公斤／立方公尺以上，厚度在7.5公分以上之玻璃棉、岩棉或陶瓷棉填充，且牆總厚度在10公分以上。

四、其他經中央主管建築機關認可具有空氣音隔音指標Rw在45分貝以上之隔音性能，或取得內政部綠建材標章之高性能綠建材(隔音性)。

昇降機道與居室相鄰之分間牆，其空氣音隔音構造，應符合下列規定之一：

一、鋼筋混凝土造含粉刷總厚度在20公分以上。

二、輕型鋼骨架或木構骨架為底，兩面各覆以石膏板、水泥板、纖維水泥板、纖維強化水泥板、木質系水泥板、氧化鎂板或硬質纖維板，其板材總面密度在65公斤／平方公尺以上，板材間以密度在60公斤／立方公尺以上，厚度在10公分以上之玻璃棉、岩棉或陶瓷棉填充，且牆總厚度在**15公分**以上。

三、其他經中央主管建築機關認可或取得內政部綠建材標章之高性能綠建材(隔音性)具有空氣音隔音指標Rw在**55分貝**以上之隔音性能。

第46-4條 ★☆☆ ▢check

分戶牆之空氣音隔音構造，應符合下列規定之一：

一、鋼筋混凝土造或密度在**2300公斤／立方公尺**以上之無筋混凝土造，含粉刷總厚度在**15公分**以上。

二、紅磚或其他密度在**1600公斤／立方公尺**以上之實心磚造，含粉刷總厚度在**22公分**以上。

三、輕型鋼骨架或木構骨架為底，兩面各覆以石膏板、水泥板、纖維水泥板、纖維強化水泥板、木質系水泥板、氧化鎂板或硬質纖維板，其板材總面密度在55公斤／平方公尺以上，板材間以密度在60公斤／立方公尺以上，厚度在7.5公分以上之玻璃棉、岩棉或陶瓷棉填充，且牆總厚度在12公分以上。

四、其他經中央主管建築機關認可具有空氣音隔音指標Rw在50分貝以上之隔音性能，或取得內政部綠建材標章之高性能綠建材(隔音性)。

昇降機道與居室相鄰之分戶牆，其空氣音隔音構造，應依前條第二項規定設置。

第46-5條 ★☆☆ ▢check

置放機械設備空間與上層或下層居室分隔之樓板，其空氣音隔音構造，應符合下列規定之一：

一、鋼筋混凝土造含粉刷總厚度在20公分以上。

二、鋼承板式鋼筋混凝土造含粉刷最大厚度在24公分以上。

三、其他經中央主管建築機關認可具有空氣音隔音指標Rw在55分貝以上之隔音性能。

前項樓板之設置符合第四十六條之七規定者，得不適用前項規定。

第46-6條 NEW ★★☆ ▢check

分戶樓板之衝擊音隔音構造，應符合下列規定之一。但陽臺或各層樓板下方無設置居室者，不在此限：

一、鋼筋混凝土造樓板厚度在15公分以上或鋼承板式鋼筋混凝土造樓板最大厚度在19公分以上，其上鋪設表面材(含緩衝材)應符合下列規定之一：

(一) 橡膠緩衝材(厚度0.8公分以上，動態剛性50百萬牛頓／立方公尺以下)，其上再鋪設混凝土造地板(厚度5公分以上，以鋼筋或鋼絲網補強)，地板表面材得不受限。

(二) 橡膠緩衝材(厚度0.8公分以上，動態剛性50百萬牛頓／立方公尺以下)，其上再鋪設水泥砂漿及地磚厚度合計在6公分以上。

(三) 橡膠緩衝材(厚度0.5公分以上，動態剛性55百萬牛頓／立方公尺以下)，其上再鋪設木質地板厚度合計在1.2公分以上。

(四) 玻璃棉緩衝材(密度96至120公斤／立方公尺)厚度0.8公分以上，其上再鋪設木質地板厚度合計在1.2公分以上。

(五) 架高地板其木質地板厚度合計在2公分以上者，架高角材或基座與樓板間須鋪設橡膠緩衝材(厚度0.5公分以上)或玻璃棉緩衝材(厚度0.8公分以上)，架高空隙以密度在60公斤／立方公尺以上、厚度在5公分以上之玻璃棉、岩棉或陶瓷棉填充。

(六) 玻璃棉緩衝材(密度96至120公斤／立方公尺)或岩棉緩衝材(密度100至150公斤／立方公尺)厚度2.5公分以上，其上再鋪設混凝土造地板(厚度5公分以上，以鋼筋或鋼絲網補強)，地板表面材得不受限。

(七) 經中央主管建築機關認可之表面材(含緩衝材)，其樓板表面材衝擊音降低量指標△Lw在17分貝以上，或取得內政部綠建材標章之高性能綠建材(隔音性)。

二、鋼筋混凝土造樓板厚度在12公分以上或鋼承板式鋼筋混凝土造樓板最大厚度在16公分以上，其上鋪設經中央主管建築機關認可之表面材(含緩衝材)，其樓板表面材衝擊音降低量指標△Lw在20分貝以上，或取得內政部綠建材標章之高性能綠建材(隔音性)。

三、其他經中央主管建築機關認可具有樓板衝擊音指標Ln,w在58分貝以下之隔音性能。

緩衝材其上如澆置混凝土或水泥砂漿時，表面應有防護措施。

地板表面材與分戶牆間應置入軟質填縫材或緩衝材，厚度在0.8公分以上。

第46-7條 ★☆☆ ▢check

昇降機房之樓板，及置放機械設備空間與下層居室分隔之樓板，其衝擊音隔音構造，應符合前條第二項及第三項規定，並應符合下列規定之一：

一、鋼筋混凝土造樓板厚度在15公分以上或鋼承板式鋼筋混凝土造樓板最大厚度在19公分以上，其上鋪設表面材(含緩衝材)須符合下列規定之一：

(一) 橡膠緩衝材(厚度1.6公分以上，動態剛性40百萬牛頓／立方公尺以下)，其上再鋪設混凝土造地板(厚度7公分以上，以鋼筋或鋼絲網補強)，地板表面材得不受限。

(二) 玻璃棉緩衝材(密度96至120公斤／立方公尺)或岩棉緩衝材(密度100至150公斤／立方公尺)厚度5公分以上，其上再鋪設混凝土造地板(厚度7公分以上，以鋼筋或鋼絲網補強)，地板表面材得不受限。

(三) 經中央主管建築機關認可之表面材(含緩衝材)，其樓板表面材衝擊音降低量指標 △Lw在25分貝以上。

二、其他經中央主管建築機關認可具有樓板衝擊音指標Ln,w在50分貝以下之隔音性能。

第十節　廁所、污水處理設施

第47條 ☆☆☆ ▢check

凡有居室之建築物，其樓地板面積達30平方公尺以上者，應設置廁所。但同一基地內，已有廁所者不在此限。

第48條 ☆☆☆ ▢check

廁所應設有開向戶外可直接通風之窗戶，但沖洗式廁所，如依本章第八節規定設有適當之通風設備者不在此限。

第49條 ☆☆☆ ▢check

沖洗式廁所排水、生活雜排水除依下水道法令規定排洩至污水下水道系統或集中處理場者外，應設置污水處理設施，並排至有出口之溝渠，其排放口上方應予標示，並不得堆放雜物。但起造人申請建造執照時，經當地下水道主管機關認定該建造執照案屆本法第五十三條第一項規定之建築期限時，公共污水下水道系統可容納該新建建築物之污水者，得免予設置污水處理設施。

前項之生活雜排水係指廚房、浴室洗滌水及其他生活所產生之污水。

新建建築物之廢(污)水產生量達依水污染防治法規定公告之事業標準者，並應依水污染防治法相關規定辦理。

第50條 ★★☆ ▢check

非沖洗式廁所之構造，應依左列規定：

一、便器、污水管及糞池均應為耐水材料所建造，或以防水水泥砂漿等具有防水性質之材料粉刷，使成為不漏水之構造。

二、掏糞口須有密閉裝置，並應高出地面**10公分**以上，且不得直接面向道路。

三、掏糞口前方及左右**30公分**以內，應鋪設混凝土或其他耐水材料。

四、糞池上應設有內徑**10公分**以上之通氣管。

第51條 ☆☆☆ ▢check

水井與掏糞廁所糞池或污水處理設施之距離應在**15公尺**以上。

第十一節　煙囪

第52條 NEW ★★☆ ▢check

附設於建築物之煙囪，其構造應依下列規定：

一、煙囪伸出屋面之高度不得小於**90公分**，並應在3公尺半徑範圍內高出任何建築物最高部分60公分以上。但伸出屋面部分為磚造、石造、或水泥空心磚造且未以鐵件補強者，其高度不得超過90公分。

二、金屬造之煙囪，在屋架內、天花板內、或樓板內部者，應以金屬以外之不燃材料包覆之。

三、金屬造之煙囪應距離木料等易燃材料15公分以上。但以厚10公分以上金屬以外之不燃材料包覆者，不在此限。

四、煙囪為鋼筋混凝土造者，其厚度不得小於15公分，其為無筋混凝土或磚造者，其厚度不得小於23公分。煙囪之煙道，應裝置陶管或於其內部以水泥粉刷或以耐火磚襯砌。煙道彎角小於120度者，均應於彎曲處設置清除口。

第53條

★☆☆

▢check

鍋爐之煙囪自地面計量之高度不得小於15公尺。使用重油、輕油或焦碳為燃料者，其高度不得小於9公尺。但鍋爐每小時燃料消耗量在25公斤以下者不在此限。

惟煙囪所排放廢氣，均須符合有關衛生法令規定之標準。

第54條 ☆☆☆ ▢check

鍋爐煙囪之煙道及最小斷面積應符合左式之規定：

$$(147-27\sqrt{A})\sqrt{H} \geq Q$$

A：為煙道之最小斷面積，單位為平方公尺。

H：為鍋爐自爐柵算起至煙囪最高部份之高度，單位為公尺。

Q：為鍋爐燃料消耗量，單位為公斤／1小時。

第十二節　昇降及垃圾排除設備

第55條 ★★★ ▢check

昇降機之設置依下列規定：

一、6層以上之建築物，至少應設置一座以上之昇降機通達避難層。建築物高度超過10層樓，依本編第一百零六條規定，設置可供緊急用之昇降機。

二、機廂之面積超過1平方公尺或其淨高超過1.2公尺之昇降機，均依本規則之規定。但臨時用昇降機經主管建築機關認為其構造與安全無礙時，不在此限。

三、昇降機道之構造應依下列規定：

(一) 昇降機道之出入口，周圍牆壁或其圍護物應以不燃材料建造，並應使機道外之人、物無法與機廂或平衡錘相接觸。

(二) 機廂在每一樓層之出入口，不得超過2處。

(三) 出入口之樓地板面邊緣與機廂地板邊緣應齊平，其水平距離在4公分以內。

四、其他設備及構造，應依建築設備編之規定。

本規則中華民國102年1月1日修正生效前申請建造執照，並於興建完成後領得使用執照之5層以下建築物增設昇降機者，得依下列規定辦理：

一、不計入建築面積及各層樓地板面積。其增設之昇降機間及昇降機道於各層面積不得超過12平方公尺，且昇降機道面積不得超過6平方公尺。

二、不受鄰棟間隔、前院、後院及開口距離有關規定之限制。

三、增設昇降機所需增加之屋頂突出物，其高度應依第一條第九款第一目規定設置。但投影面積不計入同目屋頂突出物水平投影面積之和。

四、住宅用途建築物各樓層樓梯間均設有緊急照明設備，且地上2層以上各樓層均依各類場所消防安全設備設置標準設置火警自動警報設備或依住宅用火災警報器設置辦法設置住宅用火災警報器，並符合下列各目情形之一者，其直通樓梯於避難所閫向屋外之出入口寬度得減為75公分以上，不受本編第九十條第二款規定寬度之限制：

(一) 地面層以上每樓層居室樓地板面積小於200平方公尺。

(二) 依本編第九十六條規定設置安全梯。

（三）樓梯牆面具有一小時以上防火時效，且各戶面向樓梯之開口裝設具有一小時以上防火時效及半小時以上阻熱性且具有遮煙性能之防火門窗。

本規則中華民國71年7月15日修正生效前領得使用執照之6層以上，且其總樓地板面積未達1000平方公尺之建築物增設昇降機者，得依前項規定辦理。

第56條
★★★
▢check

垃圾排除設備應依左列規定：

一、垃圾排除設備包括垃圾導管及垃圾箱，其構造如左：

（一）垃圾導管應為耐水及不燃材料建造，其淨空不得小於**60公分見方**，如為圓形，其淨空半徑不得小於**30公分**。導管內表面應保持平整，其上端突出屋頂至少**60公分**，並加頂蓋及面積不小於**500平方公分**之通風口。

(二) 每一樓層均應設置垃圾投入口，並設置密閉而便於傾倒垃圾之門。
投入口之尺寸規定如左：

自樓地板至投入口上緣	投入口之淨尺寸
90公分	30公分見方

(三) 垃圾箱應為耐火及不燃材料構造，垃圾箱底應高出地板面1.2公尺以上，其寬度及深度應各為1.2公尺以上，垃圾箱底應向外傾斜並應設置排水孔接通排水溝。
垃圾箱清除口應設不易腐銹之密閉門。

(四) 垃圾箱上部應設置進風口裝設銅絲網。

二、垃圾排除設備之垃圾箱位置，應能接通至都市道路或指定建築線之既成巷路。

第十三節　騎樓、無遮簷人行道

第57條
★☆☆
▢check

凡經指定在道路兩旁留設之騎樓或無遮簷人行道，其寬度及構造由市、縣(市)主管建築機關參照當地情形，並依照左列標準訂定之：

一、寬度：自道路境界線至建築物地面層外牆面，不得小於3.5公尺，但建築物有特殊用途或接連原有騎樓或無遮簷人行道，且其建築設計，無礙於市容觀瞻者，市、縣(市)主管建築機關，得視實際需要，將寬度酌予增減並公布之。

二、騎樓地面應與人行道齊平，無人行道者，應高於道路邊界處10公分至20公分，表面鋪裝應平整，不得裝置任何台階或阻礙物，並應向道路境界線作成1/40瀉水坡度。

三、騎樓淨高，不得小於3公尺。

四、騎樓柱正面應自道路境界線退後15公分以上，但騎樓之淨寬不得小於2.50公尺。

第58條　(刪除)

第十四節　停車空間

第59條 ★★★ ▢check

建築物新建、改建、變更用途或增建部分，依都市計畫法令或都市計畫書之規定，設置停車空間。其未規定者，依下表規定。

類別	建築物用途	都市計畫內區域		都市計畫外區域	
		樓地板面積	設置標準	樓地板面積	設置標準
第一類	戲院、電影院、歌廳、國際觀光旅館、演藝場、集會堂、舞廳、夜總會、視聽伴唱遊藝場、遊藝場、酒家、展覽場、辦公室、金融業、市場、商場、餐廳、飲食店、店鋪、俱樂部、撞球場、理容業、公共浴室、旅遊及運輸業、攝影棚等類似用途建築物。	300平方公尺以下部分。	免設。	300平方公尺以下部分。	免設。
		超過300平方公尺部分。	每150平方公尺設置1輛。	超過300平方公尺部分。	每250平方公尺設置1輛。
第二類	住宅、集合住宅等居住用途建築物。	500平方公尺以下部分。	免設。	500平方公尺以下部分。	免設。
		超過500平方公尺部分。	每150平方公尺設置1輛。	超過500平方公尺部分。	每300平方公尺設置1輛。

類別	建築物用途	都市計畫內區域		都市計畫外區域	
		樓地板面積	設置標準	樓地板面積	設置標準
第三類	旅館、招待所、博物館、科學館、歷史文物館、資料館、美術館、圖書館、陳列館、水族館、音樂廳、文康活動中心、醫院、殯儀館、體育設施、宗教設施、福利設施等類似用途建築物。	500平方公尺以下部分。	免設。	500平方公尺以下部分。	免設。
		超過500平方公尺部分。	每200平方公尺設置1輛。	超過500平方公尺部分。	每350平方公尺設置1輛。
第四類	倉庫、學校、幼稚園、托兒所、車輛修配保管、補習班、屠宰場、工廠等類似用途建築物。	500平方公尺以下部分。	免設。	500平方公尺以下部分。	免設。
		超過500平方公尺部分。	每250平方公尺設置1輛。	超過500平方公尺部分。	每350平方公尺設置1輛。
第五類	前四類以外建築物，由內政部視實際情形另定之。				

說明：
(一)表列總樓地板面積之計算，不包括室內停車空間面積、法定防空避難設備面積、騎樓或門廊、外廊等無牆壁之面積，及機械房、變電室、蓄水池、屋頂突出物等類似用途部分。
(二)第二類所列停車空間之數量為最低設置標準，實施容積管制地區起造人得依實際需要增設至每一居住單元1輛。
(三)同一幢建築物內供二類以上用途使用者，其設置標準分別依表列規定計算附設之，唯其免設部分應擇一適用。其中一類未達該設置標準時，應將各類樓地板面積合併計算依較高標準附設之。

（四）國際觀光旅館應於基地地面層或法定空地上按其客房數每滿50間設置1輛大客車停車位，每設置1輛大客車停車位減設表列規定之3輛停車位。
（五）都市計畫內區域屬本表第一類或第三類用途之公有建築物，其建築基地達1500平方公尺者，應按表列規定加倍附設停車空間。但符合下列情形之一者，得依其停車需求之分析結果附設停車空間：
1. 建築物交通影響評估報告經地方交通主管機關審查同意，且停車空間數量達表列規定以上。
2. 經各級都市計畫委員會或都市設計審議委員會審議同意。
（六）依本表計算設置停車空間數量未達整數時，其零數應設置1輛。

第59-1條 停車空間之設置，依左列規定：

★☆☆

▢check

一、停車空間應設置在同一基地內。但二宗以上在同一街廓或相鄰街廓之基地同時請領建照者，得經起造人之同意，將停車空間集中留設。

二、停車空間之汽車出入口應銜接道路，地下室停車空間之汽車坡道出入口並應留設深度**2**公尺以上之緩衝車道。其坡道出入口鄰接騎樓(人行道)者，應留設之緩衝車道自該騎樓(人行道)內側境界線起退讓。

三、停車空間部分或全部設置於建築物各層時，於各該層應集中設置，並以分間牆區劃用途，其設置於屋頂平台者，應依本編第九十九條之規定。

四、停車空間設於法定空地時，應規劃車道，使車輛能順暢進出。

五、附設停車空間超過30輛者，應依本編第一百三十六條至第一百三十九條之規定設置之。

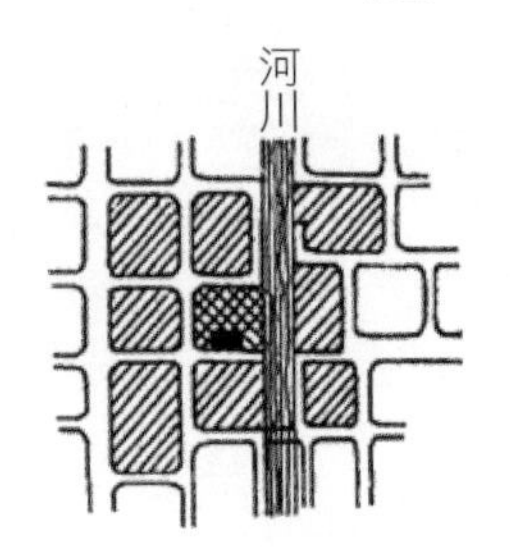

■ 建築基地

第(三)目所稱「相鄰街廓之基地」。如圖中 ▨ 街廓均視為 ▩ 街廓之「相鄰街廓」。

第 59 條　圖 59-(2)

第59-2條 ☆☆☆ ◯check

為鼓勵建築物增設營業使用之停車空間，並依停車場法或相關法令規定開放供公眾停車使用，有關建築物之樓層數、高度、樓地板面積之核計標準或其他限制事項，直轄市、縣(市)建築機關得另定鼓勵要點，報經中央主管建築機關核定實施。

本條施行期限至中華民國101年12月31日止。

第60條 ★★★ ▢check

停車空間及其應留設供汽車進出用之車道，規定如下：

一、每輛停車位為寬2.5公尺，長5.5公尺。但停車位角度在30度以下者，停車位長度為6公尺。大客車每輛停車位為寬4公尺，長12.4公尺。

二、設置於室內之停車位，其1/5車位數，每輛停車位寬度得寬減20公分。但停車位長邊鄰接牆壁者，不得寬減，且寬度寬減之停車位不得連續設置。

三、機械停車位每輛為寬2.5公尺，長5.5公尺，淨高1.8公尺以上。但不供乘車人進出使用部分，寬得為2.2公尺，淨高為1.6公尺以上。

四、設置汽車昇降機，應留設寬3.5公尺以上、長5.7公尺以上之昇降機道。

五、基地面積在1500平方公尺以上者，其設於地面層以外樓層之停車空間應設汽車車道(坡道)。

六、車道供雙向通行且服務車位數未達50輛者，得為單車道寬度；50輛以上者，自第50輛車位至汽車進出口及汽車進出口至道路間之通路寬度，應為雙車道寬度。但汽車進口及出口分別設置且供單向通行者，其進口及出口得為單車道寬度。

七、實施容積管制地區，每輛停車空間(不含機械式停車空間)換算容積之樓地板面積，最大不得超過40平方公尺。

前項機械停車設備之規範，由內政部另定之。

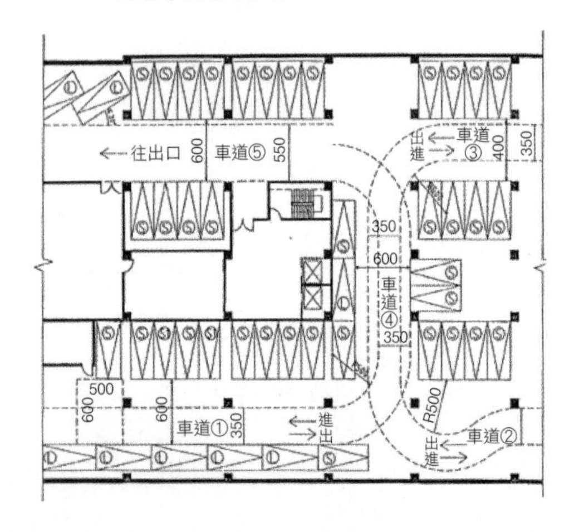

1. 車道①、②、③車位數均未達五十輛，車道得為單車道寬度。
2. 車道①、②、④合計車位數未達五十輛，車道④得為單車道寬度。
3. 主要車道⑤服務之車位數為車道①、②、③、④之合計達五十輛以上，應為雙車道寬度。
4. Ⓢ 每輛停車位為寬二點五公尺，長五點五公尺。

   Ⓛ 停車位角度在三十度以下者，停車位長度為六公尺。

   Ⓢ1 五分之一車位數，每輛停車位寬度得寬減二十公分。但停車位長邊鄰接牆壁者，不得寬減，且寬減之停車位不得連續設置。
5. 停車位角度超過六十度者，其停車位前方應留設深六公尺，寬五公尺以上之空間。

圖 60

第60-1條 ☆☆☆ ▢check

停車空間設置於供公眾使用建築物之室內者，其鄰接居室或非居室之出入口與停車位間，應留設淨寬75公分以上之通道連接車道。其他法規另有規定者，並應符合其他法規之規定。

第61條 ★★★ ▢check

車道之寬度、坡度及曲線半徑應依下列規定：

一、車道之寬度：

(一) 單車道寬度應為3.5公尺以上。

(二) 雙車道寬度應為5.5公尺以上。

(三) 停車位角度超過60度者，其停車位前方應留設深6公尺，寬5公尺以上之空間。

二、車道坡度不得超過1:6，其表面應用粗面或其他不滑之材料。

三、車道之內側曲線半徑應為5公尺以上。

第62條 ★☆☆ ▢check

停車空間之構造應依下列規定：

一、停車空間及出入車道應有適當之鋪築。

二、停車空間設置戶外空氣之窗戶或開口，其有效通風面積不得小於該層供停車使用之樓地板面積5%或依規定設置機械通風設備。

三、供停車空間之樓層淨高，不得小於2.1公尺。

四、停車空間應依用戶用電設備裝置規則預留供電動車輛充電相關設備及裝置之裝設空間，並便利行動不便者使用。

第三章 建築物之防火

第一節 適用範圍

第63條 ☆☆☆ ▢check

建築物之防火應符合本章之規定。

本法第一百零二條所稱之防火區，係指本法適用地區內，為防火安全之需要，經直轄市、縣(市)政府劃定之地區。

防火區內之建築物，除應符合本章規定外，並應依當地主管建築機關之規定辦理。

第64條 (刪除)

第65條 (刪除)

第二節 雜項工作物之防火限制

第66條 (刪除)

第67條 (刪除)

第68條 ☆☆☆ ▢check

高度在**3公尺**以上或裝置在屋頂上之廣告牌(塔)，裝飾物(塔)及類似之工作物，其主要部分應使用不燃材料。

第三節　防火構造

第69條
★★★
▢check

下表之建築物應為防火構造。但工廠建築，除依下表C類規定外，作業廠房樓地板面積，合計超過**50平方公尺**者，其主要構造，均應以不燃材料建造。

建築物使用類組			應為防火構造者		
類別	組別		樓層	總樓地板面積	樓層及樓地板面積之和
A類	公共集會類	全部	全部	—	—
B類	商業類	全部	3層以上之樓層	3000平方公尺以上	2層部分之面積在500平方公尺以上。
C類	工業、倉儲類	全部	3層以上之樓層	1500平方公尺以上(工廠除外)	變電所、飛機庫、汽車修理場、發電場、廢料堆置或處理場、廢棄物處理場及其他經地方主管建築機關認定之建築物，其總樓地板面積在150平方公尺以上者。
D類	休閒、文教類	全部	3層以上之樓層	2000平方公尺以上	—
E類	宗教、殯葬類	全部			
F類	衛生、福利、更生類	全部	3層以上之樓層	—	2層面積在300平方公尺以上。醫院限於有病房者。
G類	辦公、服務類	全部	3層以上之樓層	2000平方公尺以上	—

建築物使用類組			應為防火構造者		
類別	組別		樓層	總樓地板面積	樓層及樓地板面積之和
H類	住宿類	全部	3層以上之樓層	—	2層面積在300平方公尺以上。
I類	危險物品類	全部	依危險品種及儲藏量，另行由內政部以命令規定之。		
說明：表內3層以上之樓層，係表示3層以上之任一樓層供表列用途時，該棟建築物即應為防火構造，表示如在第2層供同類用途使用，則可不受防火構造之限制。但該使用之樓地板面積，超過表列規定時，即不論層數如何，均應為防火構造。					

第70條 ★★★ ▢check

防火構造之建築物，其主要構造之柱、樑、承重牆壁、樓地板及屋頂應具有左表規定之防火時效：

層數 / 主要構造部分	自頂層起算不超過4層之各樓層	自頂層起算超過第4層至第14層之各樓層	自頂層起算第15層以上之各樓層
承重牆壁	1小時	1小時	2小時
樑	1小時	2小時	3小時
柱	1小時	2小時	3小時
樓地板	1小時	2小時	2小時
屋頂	半小時		
(一) 屋頂突出物未達計算層樓面積者，其防火時效應與頂層同。 (二) 本表所指之層數包括地下層數。			

第71條 ★★★ ▢check

具有3小時以上防火時效之樑、柱，應依左列規定：

一、樑：

(一) 鋼筋混凝土造或鋼骨鋼筋混凝土造。

(二) 鋼骨造而覆以鐵絲網水泥粉刷其厚度在8公分以上(使用輕骨材時為7公分)或覆以磚、石或空心磚，其厚度在9公分以上者(使用輕骨材時為8公分)。

(三) 其他經中央主管建築機關認可具有同等以上之防火性能者。

二、柱：短邊寬度在40公分以上並符合左列規定者：

(一) 鋼筋混凝土造或鋼骨鋼筋混凝土造。

(二) 鋼骨混凝土造之混凝土保護層厚度在6公分以上者。

(三) 鋼骨造而覆以鐵絲網水泥粉刷，其厚度在9公分以上(使用輕骨材時為8公分)或覆以磚、石或空心磚，其厚度在9公分以上者(使用輕骨材時為8公分)。

(四) 其他經中央主管建築機關認可具有同等以上之防火性能者。

第72條
★★★
○check

具有2小時以上防火時效之牆壁、樑、柱、樓地板，應依左列規定：

一、牆壁：

(一) 鋼筋混凝土造或鋼骨鋼筋混凝土造厚度在10公分以上，且鋼骨混凝土造之混凝土保護層厚度在3公分以上者。

(二) 鋼骨造而雙面覆以鐵絲網水泥粉刷，其單面厚度在4公分以上，或雙面覆以磚、石或空心磚，其單面厚度在5公分以上者。但用以保護鋼骨構造之鐵絲網水泥砂漿保護層應將非不燃材料部分之厚度扣除。

(三) 木絲水泥板二面各粉以厚度1公分以上之水泥

砂漿，板壁總厚度在8公分以上者。

(四) 以高溫高壓蒸氣保養製造之輕質泡沫混凝土板，其厚度在7.5公分以上者。

(五) 中空鋼筋混凝土版，中間填以泡沫混凝土等其總厚度在12公分以上，且單邊之版厚在五公分以上者。

(六) 其他經中央主管建築機關認可具有同等以上之防火性能。

二、柱：短邊寬25公分以上，並符合左列規定者：

(一) 鋼筋混凝土造鋼骨鋼筋混凝土造。

(二) 鋼骨混凝土造之混凝土保護層厚度在5公分以上者。

(三) 經中央主管建築機關認可具有同等以上之防火性能者。

三、樑：

(一) 鋼筋混凝土造或鋼骨鋼筋混凝土造。

(二) 鋼骨混凝土造之混凝土保護層厚度在5公分以上者。

(三) 鋼骨造覆以鐵絲網水泥粉刷其厚度在6公分以上(使用輕骨材時為5公分)以上，或覆以磚、石或空心磚，其厚度在7公分以上者(水泥空心磚使用輕質骨材得時為6公分)。

(四) 其他經中央主管建築機關認可具有同等以上之防火性能者。

四、樓地板：

(一) 鋼筋混凝土造或鋼骨鋼筋混凝土造厚度在10公分以上者。

(二) 鋼骨造而雙面覆以鐵絲網水泥粉刷或混凝土，其單面厚度在5公分以上者。但用以保護鋼鐵之鐵絲網水泥砂漿保護層應將非不燃材料部分扣除。

(三) 其他經中央主管建築機關認可具有同等以上之防火性能者。

第73條
★★★
▢check

具有1小時以上防火時效之牆壁、樑、柱、樓地板，應依左列規定：

一、牆壁：

(一) 鋼筋混凝土造、鋼骨鋼筋混凝土造或鋼骨混凝土造厚度在7公分以上者。

(二) 鋼骨造而雙面覆以鐵絲網水泥粉刷，其單面厚度在3公分以上或雙面覆以磚、石或水泥空心磚，其單面厚度在4公分以上者。但用以保護鋼骨之鐵絲網水泥砂漿保護層應將非不燃材料部分扣除。

(三) 磚、石造、無筋混凝土造或水泥空心磚造，其厚度在7公分以上者。

(四) 其他經中央主管建築機關認可具有同等以上之防火性能者。

二、柱：

(一) 鋼筋混凝土造、鋼骨鋼筋混凝土造或鋼骨混凝土造。

(二) 鋼骨造而覆以鐵絲網水泥粉刷其厚度在4公分以上(使用輕骨材時得為3公分)或覆以磚、石或水泥空心磚，其厚度在5公分以上者。

(三) 其他經中央主管建築機關認可具有同等以上之防火性能者。

三、樑：

(一) 鋼筋混凝土造、鋼骨鋼筋混凝土造或鋼骨混凝土造。

(二) 鋼骨造而覆以鐵絲網水泥粉刷其厚度在4公分以上(使用輕骨材時為3公分以上)，或覆以磚、石或水泥空心磚，其厚度在5公分以上者

(水泥空心磚使用輕骨材時得為4公分)。

(三) 鋼骨造屋架、但自地板面至樑下端應在4公尺以上，而構架下面無天花板或有不燃材料造或耐燃材料造之天花板者。

(四) 其他經中央主管建築機關認可具有同等以上之防火性能者。

四、樓地板：

(一) 鋼筋混凝土造或鋼骨鋼筋混凝土造厚度在7公分以上。

(二) 鋼骨造而雙面覆以鐵絲網水泥粉刷或混凝土，其單面厚度在4公分以上者。但用以保護鋼骨之鐵絲網水泥砂漿保護層應將非不燃材料部分扣除。

(三) 其他經中央主管建築機關認可具有同等以上之防火性能者。

第74條 ★★☆ ▢check

具有半小時以上防火時效之非承重外牆、屋頂及樓梯，應依左列規定：

一、非承重外牆：經中央主管建築機關認可具有半小時以上之防火時效者。

二、屋頂：

(一) 鋼筋混凝土造或鋼骨鋼筋混凝土造。

(二) 鐵絲網混凝土造、鐵絲網水泥砂漿造、用鋼鐵加強之玻璃磚造或鑲嵌鐵絲網玻璃造。

(三) 鋼筋混凝土(預鑄)版，其厚度在4公分以上者。

(四) 以高溫高壓蒸汽保養所製造之輕質泡沫混凝土板。

(五) 其他經中央主管建築機關認可具有同等以上之防火性能者。

三、樓梯：

(一) 鋼筋混凝土造或鋼骨鋼筋混凝土造。

(二) 鋼造。

(三) 其他經中央主管建築機關認可具有同等以上之防火性能者。

第75條 ★☆☆ ▢check

防火設備種類如左：

一、防火門窗。

二、裝設於防火區劃或外牆開口處之撒水幕，經中央主管建築機關認可具有防火區劃或外牆同等以上之防火性能者。

三、其他經中央主管建築機關認可具有同等以上之防火性能者。

第76條 ★★★ ▢check

防火門窗係指防火門及防火窗，其組件包括門窗扇、門窗樘、開關五金、嵌裝玻璃、通風百葉等配件或構材；其構造應依左列規定：

一、防火門窗周邊15公分範圍內之牆壁應以不燃材料建造。

二、防火門之門扇寬度應在75公分以上，高度應在180公分以上。

三、常時關閉式之防火門應依左列規定：

(一) 免用鑰匙即可開啟，並應裝設經開啟後可自行關閉之裝置。

(二) 單一門扇面積不得超過3平方公尺。

(三) 不得裝設門止。

(四) 門扇或門樘上應標示常時關閉式防火門等文字。

四、常時開放式之防火門應依左列規定：

(一) 可隨時關閉，並應裝設利用煙感應器連動或其他方法控制之自動關閉裝置，使能於火災發生時自動關閉。

(二) 關閉後免用鑰匙即可開啟，並應裝設經開啟後可自行關閉之裝置。

(三) 採用防火捲門者，應附設門扇寬度在75公分以上，高度在180公分以上之防火門。

五、防火門應朝避難方向開啟。但供住宅使用及宿舍寢室、旅館客房、醫院病房等連接走廊者，不在此限。

第77條　(刪除)

第78條　(刪除)

第四節　防火區劃

第79條
★★☆
▢check

防火構造建築物總樓地板面積在1500平方公尺以上者，應按每1500平方公尺，以具有1小時以上防火時效之牆壁、防火門窗等防火設備與該處防火構造之樓地板區劃分隔。防火設備並應具有1小時以上之阻熱性。

前項應予區劃範圍內，如備有效自動滅火設備者，得免計算其有效範圍樓地面板面積之1/2。

防火區劃之牆壁，應突出建築物外牆面50公分以上。但與其交接處之外牆面長度有90公分以上，且該外牆構造具有與防火區劃之牆壁同等以上防火時效者，得免突出。

建築物外牆為帷幕牆者，其外牆面與防火區劃牆壁交接處之構造，仍應依前項之規定。

第79-1條 ☆☆☆ ▢check

防火構造建築物供左列用途使用，無法區劃分隔部分，以具有1小時以上防火時效之牆壁、防火門窗等防火設備與該處防火構造之樓地板自成一個區劃者，不受前條第一項之限制：

一、建築物使用類組為A-1組或D-2組之觀眾席部分。
二、建築物使用類組為C類之生產線部分、D-3組或D-4組之教室、體育館、零售市場、停車空間及其他類似用途建築物。

前項之防火設備應具有1小時以上之阻熱性。

第79-2條 ★☆☆ ▢check

防火構造建築物內之挑空部分、昇降階梯間、安全梯之樓梯間、昇降機道、垂直貫穿樓板之管道間及其他類似部分，應以具有1小時以上防火時效之牆壁、防火門窗等防火設備與該處防火構造之樓地板形成區劃分隔。昇降機道裝設之防火設備應具有遮煙性能。管道間之維修門並應具有1小時以上防火時效及遮煙性能。

前項昇降機道前設有昇降機間且併同區劃者，昇降機間出入口裝設具有遮煙性能之防火設備時，昇降機道出入口得免受應裝設具遮煙性能防火設備之限制；昇降機間出入口裝設之門非防火設備但開啟後能自動關閉且具有遮煙性能時，昇降機道出入口之防火設備得免受應具遮煙性能之限制。

挑空符合下列情形之一者，得不受第一項之限制：

一、避難層通達直上層或直下層之挑空、樓梯及其他類似部分，其室內牆面與天花板以耐燃一級材料裝修者。

二、連跨樓層數在**3層**以下，且樓地板面積在**1500平方公尺**以下之挑空、樓梯及其他類似部分。

第一項應予區劃之空間範圍內，得設置公共廁所、公共電話等類似空間，其牆面及天花板裝修材料應為耐燃一級材料。

第79-3條 防火構造建築物之樓地板應為連續完整面，並應突出建築物外牆50公分以上。但與樓板交接處之外牆面高度有90公分以上，且該外牆構造具有與樓地板同等以上防火時效者，得免突出。

☆☆☆

▢check

外牆為帷幕牆者，其牆面與樓地板交接處之構造，應依前項之規定。

建築物有連跨複數樓層，無法逐層區劃分隔之垂直空間者，應依前條規定。

第79-4條 防火構造建築物之外牆，除本編第七十九條及第七十九條之三及第一百十條規定外，其他部分外牆應具有半小時以上防火時效。

★☆☆

▢check

第80條 非防火構造之建築物，其主要構造使用不燃材料建造者，應按其總樓地板面積每1000平方公尺以具有1小時防火時效之牆壁及防火門窗等防火設備予以區劃分隔。

★☆☆

▢check

前項之區劃牆壁應自地面層起，貫穿各樓層而與屋頂交接，並突出建築物外牆面50公分以上。但與區劃牆壁交接處之外牆有長度90公分以上，且具有1小時以上防火時效者，得免突出。
第一項之防火設備應具有1小時以上之阻熱性。

第81條
★☆☆
▢check

非防火構造之建築物，其主要構造為木造等可燃材料建造者，應按其總樓地板面積每500平方公尺，以具有1小時以上防火時效之牆壁予以區劃分隔。
前項之區劃牆壁應為獨立式構造，並應自地面層起，貫穿各樓層與屋頂，除該牆突出外牆及屋面50公分以上者外，與該牆交接處之外牆及屋頂應有長度3.6公尺以上部分具有1小時以上防火時效且無開口，或雖有開口但裝設具有1小時以上防火時效之防火門窗等防火設備。區劃牆壁不得為無筋混凝土或磚石構造。
第一項之區劃牆壁上需設開口者，其寬度及高度不得大於2.5公尺，並應裝設具有1小時以上防火時效及阻熱性之防火門窗等防火設備。

第82條
☆☆☆
▢check

非防火構造建築物供左列用途使用時，其無法區劃分隔部分，以具有半小時以上防火時效之牆壁、樓板及防火門窗等防火設備自成一個區劃，其天花板及面向室內之牆壁，以使用耐燃一級材料裝修者，不受前二條規定限制。

一、體育館、建築物使用類組為C類之生產線部分及其他供類似用途使用之建築物。

二、樓梯間、昇降機間及其他類似用途使用部分。

第83條
★★☆
▢check

建築物自第11層以上部分，除依第七十九條之二規定之垂直區劃外，應依左列規定區劃：

一、樓地板面積超過100平方公尺，應按每100平方公尺範圍內，以具有1小時以上防火時效之牆壁、防火門窗等防火設備與各該樓層防火構造之樓地板形成區劃分隔。但建築物使用類組H–2組使用者，區劃面積得增為200平方公尺。

二、自地板面起1.2公尺以上之室內牆面及天花板均使用耐燃一級材料裝修者，得按每200平方公尺範圍內，以具有1小時以上防火時效之牆壁、防火門窗等防火設備與各該樓層防火構造之樓地板區劃分隔；供建築物使用類組H-2組使用者，區劃面積得增為400平方公尺。

三、室內牆面及天花板(包括底材)均以耐燃一級材料裝修者，得按每500平方公尺範圍內，以具有1小時以上防火時效之牆壁、防火門窗等防火設備與各該樓層防火構造之樓地板區劃分隔。

四、前三款區劃範圍內，如備有效自動滅火設備者得免計算其有效範圍樓地面板面積之1/2。

五、第一款至第三款之防火門窗等防火設備應具有1小時以上之阻熱性。

第84條

☆☆☆

▢check

非防火構造之連棟式建築物，其建築面積超過300平方公尺且屋頂為木造等可燃材料建造之屋架時，應在長度每15公尺範圍內以具有1小時以上防火時效之牆壁區劃之，並應突出建築物外牆面50公分以上。但與其交接處之外牆面長度有90公分以上，且該外牆構造具有與防火區劃之牆壁同等以上防火時效者，得免突出。

第84-1條
★☆☆
▢check

非防火構造建築物之外牆及屋頂，應使用不燃材料建造或覆蓋。且基地內距境界線3公尺範圍內之建築物外牆及頂部部分，與2幢建築物相對距離在6公尺範圍內之外牆及屋頂部分，應具有半小時以上之防火時效，其上之開口應裝設具同等以上防火性能之防火門窗等防火設備。但屋頂面積在10平方公尺以下者，不在此限。

第85條
☆☆☆
▢check

貫穿防火區劃牆壁或樓地板之風管，應在貫穿部位任一側之風管內裝設防火閘門或閘板，其與貫穿部位合成之構造，並應具有1小時以上之防火時效。

貫穿防火區劃牆壁或樓地板之電力管線、通訊管線及給排水管線或管線匣，與貫穿部位合成之構造，應具有1小時以上之防火時效。

第85-1條 ☆☆☆ ▢check

各種電氣、給排水、消防、空調等設備開關控制箱設置於防火區劃牆壁時，應以不破壞牆壁防火時效性能之方式施作。

前項設備開關控制箱嵌裝於防火區劃牆壁者，該牆壁仍應具有1小時以上防火時效。

第86條 NEW ★☆☆ ▢check

分戶牆及分間牆構造依下列規定：

一、連棟式或集合住宅之分戶牆，應以具有1小時以上防火時效之牆壁及防火門窗等防火設備與該處之樓板或屋頂形成區劃分隔。

二、建築物使用類組為A類、D類、B條之一組、B條之二組、B條之四組、F條之一組、H條之一組、總樓地板面積為300平方公尺以上之B條之三組及各級政府機關建築物，其各防火區劃內之分間牆應以不燃材料建造。但其分間牆上之門窗，不在此限。

三、建築物屬F條之一組、F條之二組、H條之一組及H條之二組之護理之家機構、老人福利機構、機構住宿式服務類長期照顧服務機構、社區式服務類長期照顧服務機構(團體家屋)、身心障礙福利機構及精神復健機構，其各防火區劃內之分間牆應以不燃材料建造，寢室之分間牆上之門窗應為不燃材料製造或具半小時以上防火時效，且不適用前款但書規定。

四、建築物使用類組為B條之三組之廚房，應以具有1小時以上防火時效之牆壁及防火門窗等防火設備與該樓層之樓地板形成區劃，其天花板及牆面之裝修材料以耐燃一級材料為限，並依建築設備編第五章第三節規定。

五、其他經中央主管建築機關指定使用用途之建築物或居室，應以具有1小時防火時效之牆壁及防火門窗等防火設備與該樓層之樓地板形成區劃，裝修材料並以耐燃一級材料為限。

前項第三款門窗為具半小時以上防火時效者，得不受同編第七十六條第三款及第四款限制。

第87條 ☆☆☆ ▢check

建築物有本編第一條第三十五款第二目規定之無窗戶居室者，區劃或分隔其居室之牆壁及門窗應以不燃材料建造。

> 本條文自110年7月1號起實行。

第五節　內部裝修限制

第88條 ★★☆ ▢check

建築物之內部裝修材料應依下表規定。但符合下列情形之一者，不在此限：

一、除下表(十)至(十四)所列建築物，及建築使用類組為B-1、B-2、B-3組及I類者外，按其樓地板面積每100平方公尺範圍內以具有1小時以上防火時效之牆壁、防火門窗等防火設備與該層防火構造之樓地板區劃分隔者，或其設於地面層且樓地板面積在100平方公尺以下。

二、裝設自動滅火設備及排煙設備。

建築物類別			組別	供該用途之專用樓地板面積合計	內部裝修材料	
					居室或該使用部分	通達地面之走廊及樓梯
(一)	A類	公共集會類	全部	全部	耐燃三級以上	耐燃二級以上
(二)	B類	商業類	全部			
(三)	C類	工業、倉儲類	C-1	全部	耐燃二級以上	
			C-2	全部	耐燃三級以上	耐燃二級以上
(四)	D類	休閒、文教類	全部			
(五)	E類	宗教、殯葬類	E			
(六)	F類	衛生、福利、更生類	全部			
(七)	G類	辦公、服務類	全部			
(八)	H類	住宿類	H-1			
			H-2	—	—	—
(九)	I類	危險物品類	I	全部	耐燃一級	耐燃一級
(一〇)	地下層、地下工作物供A類、G類、B-1組、B-2組或B-3組使用者		全部		耐燃二級以上	耐燃一級

<table>
<tr><th rowspan="2"></th><th rowspan="2">建築物類別</th><th rowspan="2">組別</th><th rowspan="2">供該用途之專用樓地板面積合計</th><th colspan="2">內部裝修材料</th></tr>
<tr><th>居室或該使用部分</th><th>通達地面之走廊及樓梯</th></tr>
<tr><td>(一一)</td><td>無窗戶之居室</td><td colspan="2">全部</td><td rowspan="4">耐燃二級以上</td><td rowspan="4">耐燃一級</td></tr>
<tr><td rowspan="2">(一二)</td><td rowspan="2">使用燃燒設備之房間</td><td>H-2</td><td>2層以上部分(但頂層除外)</td></tr>
<tr><td>其他</td><td>全部</td></tr>
<tr><td rowspan="2">(一三)</td><td rowspan="2">11層以上部分</td><td colspan="2">每200平方公尺以內有防火區劃之部分</td></tr>
<tr><td colspan="2">每500平方公尺以內有防火區劃之部分</td><td>耐燃一級</td><td rowspan="3">耐燃一級</td></tr>
<tr><td rowspan="2">(一四)</td><td rowspan="2">地下建築物</td><td colspan="2">防火區劃面積按100平方公尺以上200平方公尺以下區劃者</td><td>耐燃二級以上</td></tr>
<tr><td colspan="2">防火區劃面積按201平方公尺以上500平方公尺以下區劃者</td><td>耐燃一級</td></tr>
<tr><td colspan="6">一、應受限制之建築物其用途、層數、樓地板面積等依本表之規定。
二、本表所稱內部裝修材料係指固著於建築物構造體之天花板、內部牆面或高度超過1.2公尺固定於地板之隔屏或兼作櫥櫃使用之隔屏(均含固著其表面並暴露於室內之隔音或吸音材料)。
三、除本表(三)(九)(十)(十一)所列各種建築物外，在其自樓地板面起高度在1.2公尺以下部分之牆面、窗臺及天花板周圍押條等裝修材料得不受限制。
四、本表(十三)(十四)所列建築物，如裝設自動滅火設備者，所列面積得加倍計算之。</td></tr>
</table>

第四章 防火避難設施及消防設備

第一節 出入口、走廊、樓梯

第89條

☆☆☆

▢check

本節規定之適用範圍，以左列情形之建築物為限。但建築物以無開口且具有1小時以上防火時效之牆壁及樓地板所區劃分隔者，適用本章各節規定，視為他棟建築物：

一、建築物使用類組為A、B、D、E、F、G及H類者。

二、3層以上之建築物。

三、總樓地板面積超過1000平方公尺之建築物。

四、地下層或有本編第一條第三十五款第二目及第三目規定之無窗戶居室之樓層。

五、本章各節關於樓地板面積之計算，不包括法定防空避難設備面積，室內停車空間面積、騎樓及機械房、變電室、直通樓梯間、電梯間、蓄水池及屋頂突出物面積等類似用途部分。

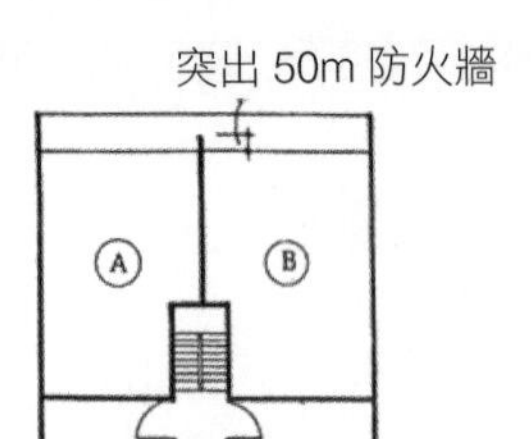

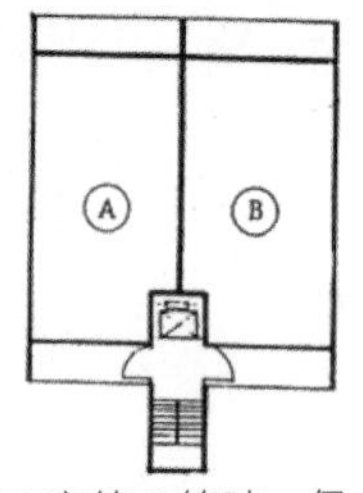

以室外開口連接安全梯適用第 4 章第 7 節時，仍視作為他棟建築物，即 A、B 為二棟建築物。

第 89 條　圖 89-(1)

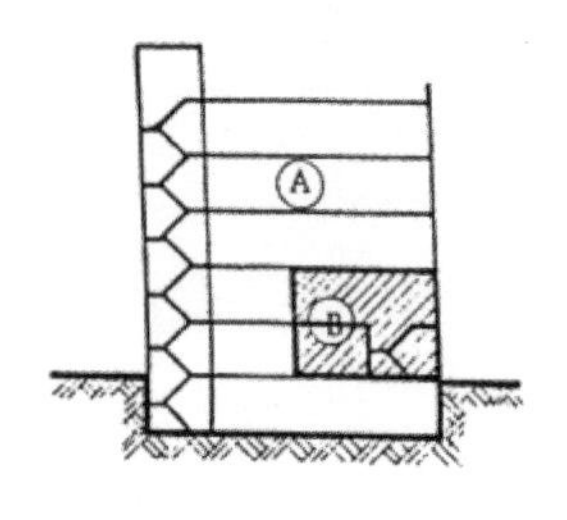

A、B 均以無開口之防火牆及防火樓板區劃分開，適用第 4 章時，得視為他棟建築物。

第 89 條　圖 89-(2)

第89-1條 (刪除)

第90條

★★☆

▢check

直通樓梯於避難層開向屋外之出入口，應依左列規定：

一、**6層**以上，或建築物使用類組為A、B、D、E、F、G類及H-1組用途使用之樓地板面積合計超過**500平方公尺**者，除其直通樓梯於避難層之出入口直接開向道路或避難用通路者外，應在避難層之適當位置，開設2處以上不同方向之出入口。其中至少1處應直接通向道路，其他各處可開向寬1.5公尺以上之避難通路，通路設有頂蓋者，其淨高不得小於3公尺，並應接通道路。

二、直通樓梯於避難層開向屋外之出入口，寬度不得小於1.2公尺，高度不得小於1.8公尺。

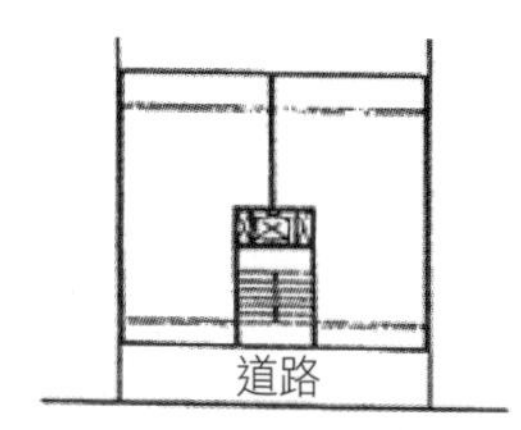

① 直通樓梯直接面向道路，免設二處出入口。

② 本條第1款所稱「六層以上」，亦不包括集合住宅。

第90條　圖90-(1)

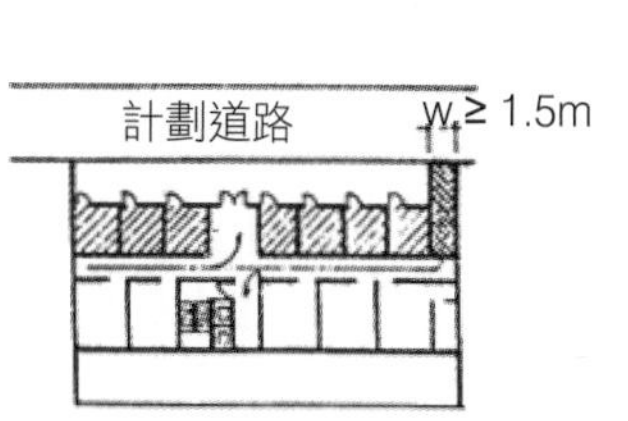

一樓之每間店舖視為他棟建築物，故每間店舖樓地板面積與其他部分分別計算，其面積如未達本條規定標準，則店舖免設二處出入口。

第90條　圖90-(2)

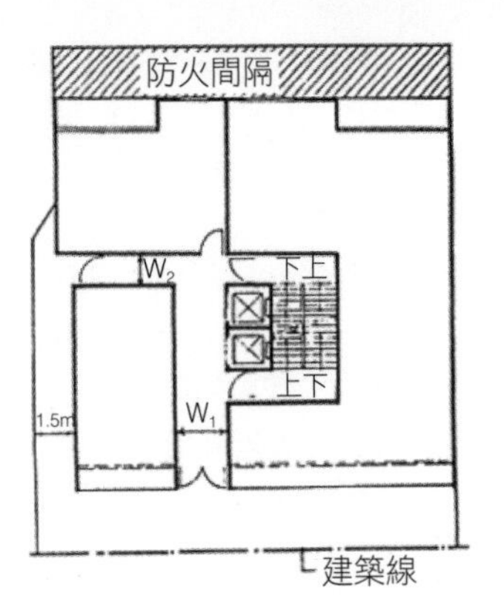

① W_1, $W_2 \geq 1.2m$

② 防火間隔應依第 110 條之規定，以配合出入口留設為原則。但該出入口已有 1.5m 之通路可通達道路時，防火間隔可留於另一側。

第 90 條　圖 90-(3)

第90-1條 ★☆☆ ▢check

建築物於避難層開向屋外之出入口，除依前條規定者外，應依左列規定：

一、建築物使用類組為A-1組者在避難層供公眾使用之出入口，應為外開門。出入口之總寬度，其為防火構造者，不得小於觀眾席樓地板面積每**10**平方公尺寬**17**公分之計算值，非防火構造者，17公分應增為20公分。

二、建築物使用類組為B-1、B-2、D-1、D-2組者，應在避難層設出入口，其總寬度不得小於該用途樓層最大一層之樓地板面積每100平方公尺寬36公分之計算值；其總樓地板面積超過1500平方公尺時，36公分應增加為60公分。

三、前二款每處出入口之寬度不得小於2公尺，高度不得小於1.8公尺；其他建築物(住宅除外)出入口每處寬度不得小於1.2公尺，高度不得小於1.8公尺。

第91條
★☆☆
▢check

避難層以外之樓層，通達供避難使用之走廊或直通樓梯間，其出入口依左列規定：

一、建築物使用類組為A-1組部分，其自觀眾席開向二側及後側走廊之出入口，不得小於觀眾席樓地板合計面積每10平方公尺寬17公分之計算值。

二、建築物使用類組為B-1、B-2、D-1、D-2組者，地面層以上各樓層之出入口不得小於各該樓層樓地板面積每100平方公尺寬27公分計算值；地面層以下之樓層，27公分應增為36公分。但該用途使用部分直接以直通樓梯作為進出口者(即使用之部分與樓梯出入口間未以分間牆隔離。)直通樓梯之總寬度應同時合於本條及本編第九十八條之規定。

三、前二款規定每處出入口寬度，不得小於1.2公尺，並應裝設具有1小時以上防火時效之防火門。

第92條 ★★★ ○check

走廊之設置應依左列規定：

一、供左表所列用途之使用者，走廊寬度依其規定：

走廊配置 用途	走廊二側有居室者	其他走廊
一、建築物使用類組為D-3、D-4、D-5組供教室使用部分	2.40公尺以上	1.80公尺以上
二、建築物使用類組為F-1組	1.60公尺以上	1.20公尺以上

用途＼走廊配置	走廊二側有居室者	其他走廊
三、其他建築物： (一)同一樓層內之居室樓地板面積在200平方公尺以上(地下層時為100平方公尺以上)。	1.60公尺以上	1.20公尺以上
(二)同一樓層內之居室樓地板面積未滿200平方公尺(地下層時為未滿100平方公尺)。	1.20公尺以上	

二、建築物使用類組為A-1組者，其觀眾席二側及後側應設置互相連通之走廊並連接直通樓梯。但設於避難層部分其觀眾席樓地板面積合計在**300平方公尺**以下及避難層以上樓層其觀眾席樓地板面積合計在150平方公尺以下，且為防火構造，不在此限。觀眾席樓地板面積300平方公尺以下者，走廊寬度不得小於**1.2公尺**；超過300平方公尺者，每增加60平方公尺應增加寬度**10公分**。

三、走廊之地板面有高低時，其坡度不得超過**1/10**，並不得設置臺階。

四、防火構造建築物內各層連接直通樓梯之走廊牆壁及樓地板應具有1小時以上防火時效，並以耐燃一級材料裝修為限。

第93條 直通樓梯之設置應依左列規定：
★★☆
▢check

一、任何建築物自避難層以外之各樓層均應設置一座以上之直通樓梯(包括坡道)通達避難層或地面，樓梯位置應設於明顯處所。

二、自樓面居室之任一點至樓梯口之步行距離(即隔間後之可行距離非直線距離)依左列規定：

(一) 建築物用途類組為A類、B-1、B-2、B-3及D-1組者，不得超過30公尺。建築物用途類組為C類者，除有現場觀眾之電視攝影場不得超過30公尺外，不得超過70公尺。

(二) 前目規定以外用途之建築物不得超過50公尺。

(三) 建築物第15層以上之樓層依其使用應將前二目規定為30公尺者減

為20公尺，50公尺者減為40公尺。

(四) 集合住宅採取複層式構造者，其自無出入口之樓層居室任一點至直通樓梯之步行距離不得超過40公尺。

(五) 非防火構造或非使用不燃材料所建造之建築物，不論任何用途，應將本款所規定之步行距離減為30公尺以下。

前項第二款至樓梯口之步行距離，應計算至直通樓梯之第一階。但直通樓梯為安全梯者，得計算至進入樓梯間之防火門。

第94條
☆☆☆
▢check

避難層自樓梯口至屋外出入口之步行距離不得超過前條規定。

第95條
★☆☆
▢check

8層以上之樓層及下列建築物，應自各該層設置2座以上之直通樓梯達避難層或地面：

一、主要構造屬防火構造或使用不燃材料所建造之建築物在避難層以外之樓層供下列使用，或地下層樓地板面積在200平方公尺以上者。

(一) 建築物使用類組為A-1組者。

(二) 建築物使用類組為F-1組樓層，其病房之樓地板面積超過100平方公尺者。

(三) 建築物使用類組為H-1、B-4組及供集合住宅使用，且該樓層之樓地板面積超過240平方公尺者。

(四) 供前三目以外用途之使用，其樓地板面積在避難層直上層超過400平方公尺，其他任一層超過240平方公尺者。

二、主要構造非屬防火構造或非使用不燃材料所建造之建築物供前款使用者，其樓地板面積100平方公尺者應減為50平方公尺；樓地板面積240平方公尺者應減為100平方公尺；樓地板面積400平方公尺者應減為200平方公尺。

前項建築物之樓面居室任一點至2座以上樓梯之步行路徑重複部分之長度不得大於本編第九十三條規定之最大容許步行距離1/2。

第96條
★★☆
▢check

下列建築物依規定應設置之直通樓梯，其構造應改為室內或室外之安全梯或特別安全梯，且自樓面居室之任一點至安全梯口之步行距離應合於本編第九十三條規定：

一、通達3層以上，5層以下之各樓層，直通樓梯應至少有一座為安全梯。

二、通達6層以上，14層以下或通達地下2層之各樓層，應設置安全梯；通達15層以上或地下3層以下之各樓層，應設置戶外安全梯或特別安全梯。但15層以上或地下3層以下各樓層之樓地板面積未超過100平方公尺者，戶外安全梯或特別安全梯改設為一般安全梯。

三、通達供本編第九十九條使用之樓層者，應為安全梯，其中至少一座應為戶外安全梯或特別安全梯。但該樓層位於5層以上者，通達該樓層之直通樓梯均應為戶外安全梯或特別安全梯，並均應通達屋頂避難平臺。

直通樓梯之構造應具有半小時以上防火時效。

第96-1條 ☆☆☆ ▢check

3層以上，5層以下防火構造之建築物，符合下列情形之一者，得免受前條第一項第一款限制：

一、僅供建築物使用類組D-3、D-4組或H-2組之住宅、集合住宅及農舍使用。

二、一棟一戶之連棟式住宅或獨棟住宅同時供其他用途使用，且屬非供公眾使用建築物。其供其他用途使用部分，為設於地面層及地上2層，且地上2層僅供D-5、G-2或G-3組使用，並以具有1小時以上防火時效之防火門、牆壁及樓地板與供住宅使用部分區劃分隔。

第97條 安全梯之構造，依下列規定：

★★★

▢check

一、室內安全梯之構造：

(一) 安全梯間四周牆壁除外牆依前章規定外，應具有1小時以上防火時效，天花板及牆面之裝修材料並以耐燃一級材料為限。

(二) 進入安全梯之出入口，應裝設具有1小時以上防火時效及半小時以上阻熱性且具有遮煙性能之防火門，並不得設置門檻；其寬度不得小於90公分。

(三) 安全梯間應設有緊急電源之照明設備，其開設採光用之向外窗戶或開口者，應與同幢建築物之其他窗戶或開口相距90公分以上。

二、戶外安全梯之構造：

(一) 安全梯間四週之牆壁除外牆依前章規定外，應具有1小時以上之防火時效。

(二) 安全梯與建築物任一開口間之距離，除至安全梯之防火門外，不得小於2公尺。但開口面積在1平方公尺以內，並裝置具有半小時以上之防火時效之防火設備者，不在此限。

(三) 出入口應裝設具有1小時以上防火時效且具有半小時以上阻熱性之防火門，並不得設置門檻，其寬度不得小於90公分。但以室外走廊連接安全梯者，其出入口得免裝設防火門。

(四) 對外開口面積(非屬開設窗戶部分)應在2平方公尺以上。

三、特別安全梯之構造：

(一) 樓梯間及排煙室之四週牆壁除外牆依前章規定外，應具有1小時以上防火時效，其天花板及牆面之裝修，應為耐燃一級材料。管道間之維修孔，並不得開向樓梯間。

(二) 樓梯間及排煙室，應設有緊急電源之照明設備。其開設採光用固定窗戶或在陽臺外牆開設之開口，除開口面積在1平方公尺以內並裝置具有半小時以上之防火時效之防火設備者，應與其他開口相距**90**公分以上。

(三) 自室內通陽臺或進入排煙室之出入口，應裝設具有**1**小時以上防火時效及半小時以上阻熱性之防火門，自陽臺或排煙室進入樓梯間之出入口應裝設具有半小時以上防火時效之防火門。

(四) 樓梯間與排煙室或陽臺之間所開設之窗戶應為固定窗。

(五) 建築物達15層以上或地下層3層以下者，各樓層之特別安全梯，如供建築物使用類組A-1、B-1、B-2、B-3、D-1或D-2組使用者，其樓梯間與排煙室或樓梯間與陽臺之面積，不得小於各該層居室樓地板面積**5%**；如供其他使用，不得小於各該層居室樓地板面積**3%**。

安全梯之樓梯間於避難層之出入口，應裝設具1小時防火時效之防火門。

建築物各棟設置之安全梯，應至少有一座於各樓層僅設一處出入口且不得直接連接居室。

第97-1條 ☆☆☆ ▢check

前條所定特別安全梯不得經由他座特別安全梯之排煙室或陽臺進入。

第98條 ☆☆☆ ▢check

直通樓梯每一座之寬度依本編第三十三條規定，且其總寬度不得小於左列規定：

一、供商場使用者，以該建築物各層中任一樓層(不包括避難層)商場之最大樓地板面積每**100平方公尺**寬**60公分**之計算值，並以避難層為分界，分別核計其直通樓梯總寬度。

二、建築物用途類組為A-1組者，按觀眾席面積每**10平方公尺**寬**10公分**之計算值，且其1/2寬度之樓梯出口，應設置在戶外出入口之近旁。

三、一幢建築物於不同之樓層供二種不同使用，直通樓梯總寬度應逐層核算，以使用較嚴(最嚴)之樓層為計算標準。但距離避難層遠端之樓層所核算之總寬度小於近端之樓層總寬度者，得分層核算直通樓梯總寬度，且核算後距避難層近端樓層之總寬度不得小於遠端樓層之總寬度。同一樓層供二種以上不同使用，該樓層之直通樓梯寬度應依前二款規定分別計算後合計之。

第99條

★★☆

▢check

建築物在5層以上之樓層供建築物使用類組A-1、B-1及B-2組使用者，應依左列規定設置具有戶外安全梯或特別安全梯通達之屋頂避難平臺：

一、屋頂避難平臺應設置於5層以上之樓層，其面積合計不得小於該棟建築物5層以上最大樓地板面積1/2。屋頂避難平臺任一邊邊長不得小於6公尺，分層設置時，各處面積均不得小於200平方公尺，且其中一處面積不得小於該棟建築物5層以上最大樓地板面積1/3。

二、屋頂避難平臺面積範圍內不得建造或設置妨礙避難使用之工作物或設施，且通達特別安全梯之最小寬度不得小於4公尺。

三、屋頂避難平臺之樓地板至少應具有1小時以上之防火時效。

四、與屋頂避難平臺連接之外牆應具有1小時以上防火時效，開設之門窗應具有半小時以上防火時效。

第99-1條 ★☆☆ ▢check

供下列各款使用之樓層，除避難層外，各樓層應以具1小時以上防火時效之牆壁及防火設備分隔為2個以上之區劃，各區劃均應以走廊連接安全梯，或分別連接不同安全梯：

一、建築物使用類組F-2組之機構、學校。

二、建築物使用類組F-1或H-1組之護理之家、產後護理機構、老人福利機構及住宿型精神復健機構。

前項區劃之樓地板面積不得小於同樓層另一區劃樓地板面積之1/3。

區劃及安全梯出入口裝設之防火設備，應具有遮煙性能；自一區劃至同樓層另一區劃所需經過之出入口，寬度應為120公分以上，出入口設置之防火門，關閉後任一方向均應免用鑰匙即可開啟，並得不受同編第七十六條第五款限制。

第二節　排煙設備

第100條 ★☆☆ ▢check

左列建築物應設置排煙設備。但樓梯間、昇降機間及其他類似部份，不在此限：

一、供本編第六十九條第一類、第四類使用及第二類之養老院、兒童福利設施之建築物，其每層樓地板面積超過500平方公尺者。但每100平方公尺以內以分間牆或以防煙壁區劃分隔者，不在此限。

二、本編第一條第三十一款第三目所規定之無窗戶居室。

前項第一款之防煙壁，係指以不燃材料建造之垂壁，自天花板下垂50公分以上。

第101條 ★★★ ▢check

排煙設備之構造，應依左列規定：

一、每層樓地板面積在500平方公尺以內，得以防煙壁區劃，區劃範圍內任一部份至排煙口之水平距離，不得超過45公尺，排煙口之開口面積，不得小於防煙區劃部份樓地板面積2%，並應開設在天花板或天花板下80公分範圍內之外牆，或直接與排煙風道(管)相接。

二、排煙口在平時應保持關閉狀態，需要排煙時，以手搖式裝置，或利用煙感應器連動之自動開關裝置、或搖控式開關裝置予以開啟，其開口門扇之構造應注意不受開放排煙時所發生氣流之影響。

三、排煙口得裝置手搖式開關，開關位置應在距離樓地板面80公分以上1.5公尺以下之牆面上。其裝設於天花板者，應垂吊於高出樓地板面1.8公尺之位置，並應標註淺易之操作方法說明。

四、排煙口如裝設排風機，應能隨排煙口之開啟而自動操作，其排風量不得小於每分鐘120立方公尺，並不得小於防煙區劃部份之樓地板面積每平方公尺1立方公尺。

五、排煙口、排煙風道(管)及其他與火煙之接觸部份，均應以不燃材料建造，排煙風道(管)之構造，應符合本編第五十二條第三、四款之規定，其貫穿防煙壁部份之空隙，應以水泥砂漿或以不燃材料填充。

六、需要電源之排煙設備，應有緊急電源及配線之設置，並依建築設備編規定辦理。

七、建築物高度超過30公尺或地下層樓地板面積超過1000平方公尺之排煙設備，應將控制及監視工作集中於中央管理室。

第102條
★★☆
▢check

一、應設置可開向戶外之窗戶，其面積不得小於2平方公尺，二者兼用時，不得小於3平方公尺，並應位於天花板高度1/2以上範圍內。

二、未設前款規定之窗戶時，應依其規定位置開設面積在4平方公尺以上之排煙口，(兼排煙室使用時，應為6平方公尺以上)，並直接連通排煙管道。

三、排煙管道之內部斷面積，不

得小於6平方公尺(兼排煙室使用時，不得小於9平方公尺)，並應垂直裝置，其頂部應直接通向戶外。

四、設有每秒鐘可進、排4立方公尺以上，並可隨進風口、排煙口之開啟而自動操作之進風機、排煙機者，得不受第二款、第三款、第五款之限制。

五、進風口之開口面積，不得小於1平方公尺(兼作排煙室使用時，不得小於1.5平方公尺)，開口位置應開設在樓地板或設於天花板高度1/2以下範圍內之牆壁上。開口應直通連接戶外之進風管道，管道之內部斷面積，不得小於2平方公尺(兼作排煙室使用時，不得小於3平方公尺)。

六、排煙室之開關裝置及緊急電源設備，依本編第一〇一條之規定辦理。

第103條 (刪除)

第三節　緊急照明設備

第104條 左列建築物，應設置緊急照明設備：

☆☆☆

▢check

一、供本編第六十九條第一類、第四類及第二類之醫院、旅館等用途建築物之居室。

二、本編第一條第三十一款第(一)目規定之無窗戶或無開口之居室。

三、前二款之建築物，自居室至避難層所需經過之走廊、樓梯、通道及其他平時依賴人工照明之部份。

第105條 緊急照明之構造應依建築設備篇之規定。

☆☆☆

▢check

第四節　緊急用昇降機

第106條 依本編第五十五條規定應設置之緊急用昇降機，其設置標準依左列規定：

★★☆

▢check

一、建築物高度超過**10層樓**以上部分之最大一層樓地板面積，在**1500平方公尺**以下者，至少應設置一座；超過1500平方公尺時，每達**3000平方公尺**，增設一座。

二、左列建築物不受前款之限制：

(一) 超過10層樓之部分為樓梯間、昇降機間、機械室、裝飾塔、屋頂窗及其他類似用途之建築物。

(二) 超過10層樓之各層樓地板面積之和未達**500平方公尺**者。

第107條
★★☆
▢check

緊急用昇降機之構造除本編第二章第十二節及建築設備編對昇降機有關機廂、昇降機道、機械間安全裝置、結構計算等之規定外，並應依下列規定：

一、機間：

(一) 除避難層、集合住宅採取複層式構造者其無出入口之樓層及整層非供居室使用之樓層外，應能連通每一樓層之任何部分。

(二) 四周應為具有**1小時**以上防火時效之牆壁及樓

板，其天花板及牆裝修，應使用耐燃一級材料。

(三) 出入口應為具有1小時以上防火時效之防火門。除開向特別安全梯外，限設1處，且不得直接連接居室。

(四) 應設置排煙設備。

(五) 應有緊急電源之照明設備並設置消防栓、出水口、緊急電源插座等消防設備。

(六) 每座昇降機間之樓地板面積不得小於10平方公尺。

(七) 應於明顯處所標示昇降機之活載重及最大容許乘座人數，避難層之避難方向、通道等有關避難事項，並應有可照明此等標示以及緊急電源之標示燈。

二、機間在避難層之位置，自昇降機出口或昇降機間之出入口至通往戶外出入口之步行距離不得大於30公尺。戶外出入口並應臨接寬4公尺以上之道路或通道。

三、昇降機道應每2部昇降機以具有1小時以上防火時效之牆壁隔開。但連接機間之出入口部分及連接機械間之鋼索、電線等周圍，不在此限。

四、應有能使設於各層機間及機廂內之昇降控制裝置暫時停止作用，並將機廂呼返避難層或其直上層、下層之特別呼返裝置，並設置於避難層或其直上層或直下層等機間內，或該大樓之集中管理室(或防災中心)內。

五、應設有連絡機廂與管理室(或防災中心)間之電話系統裝置。

六、應設有使機廂門維持開啟狀態仍能昇降之裝置。

七、整座電梯應連接至緊急電源。

八、昇降速度每分鐘不得小於60公尺。

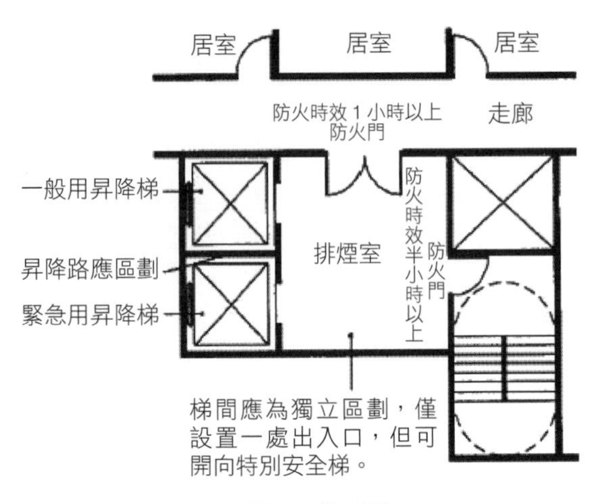

第 107 條　圖 107

第五節　緊急進口

第108條 ★★★ ▢check

建築物在2層以上，第10層以下之各樓層，應設置緊急進口。但面臨道路或寬度4公尺以上之通路，且各層之外牆每10公尺設有窗戶或其他開口者，不在此限。

前項窗戶或開口寬應在75公分以上及高度1.2公尺以上，或直徑1公尺以上之圓孔，開口之下緣應距樓地板80公分以下，且無柵欄，或其他阻礙物者。

第109條 ★★★ ▢check

緊急進口之構造應依左列規定：

一、進口應設地面臨道路或寬度在4公尺以上通路之各層外牆面。

二、進口之間隔不得大於40公尺。

三、進口之寬度應在75公分以上，高度應在1.2公尺以上。其開口之下端應距離樓地板面80公分範圍以內。

四、進口應為可自外面開啟或輕易破壞得以進入室內之構造。

五、進口外應設置陽台，其寬度應為1公尺以上，長度4公尺以上。

六、進口位置應於其附近以紅色燈作為標幟，並使人明白其為緊急進口之標示。

第六節　防火間隔

第110條 ★☆☆ ▢check

防火構造建築物，除基地鄰接寬度6公尺以上之道路或深度6公尺以上之永久性空地側外，依左列規定：

一、建築物自基地境界線退縮留設之防火間隔未達1.5公尺範圍內之外牆部分，應具有1

小時以上防火時效，其牆上之開口應裝設具同等以上防火時效之防火門或固定式防火窗等防火設備。

二、建築物自基地境界線退縮留設之防火間隔在1.5公尺以上未達3公尺範圍內之外牆部分，應具有半小時以上防火時效，其牆上之開口應裝設具同等以上防火時效之防火門窗等防火設備。但同一居室開口面積在3平方公尺以下，且以具半小時防火時效之牆壁(不包括裝設於該牆壁上之門窗)與樓板區劃分隔者，其外牆之開口不在此限。

三、一基地內2幢建築物間之防火間隔未達3公尺範圍內之外牆部分，應具有1小時以上防火時效，其牆上之開口應裝設具同等以上防火時效之防火門或固定式防火窗等防火設備。

四、一基地內2幢建築物間之防火間隔在3公尺以上未達6公尺範圍內之外牆部分，應具有半小時以上防火時效，其牆上之開口應裝設具同等以上防火時效之防火門窗等防火設備。但同一居室開口面積在3平方公尺以下，且以具半小時防火時效之牆壁(不包括裝設於該牆壁上之門窗)與樓板區劃分隔者，其外牆之開口不在此限。

五、建築物配合本編第九十條規定之避難層出入口，應在基地內留設淨寬1.5公尺之避難用通路自出入口接通至道路，避難用通路得兼作防火間隔。臨接避難用通路之建築物外牆開口應具有1小時以上防火時效及半小時以上之阻熱性。

六、市地重劃地區，應由直轄市、縣(市)政府規定整體性防火間隔，其淨寬應在3公尺以上，並應接通道路。

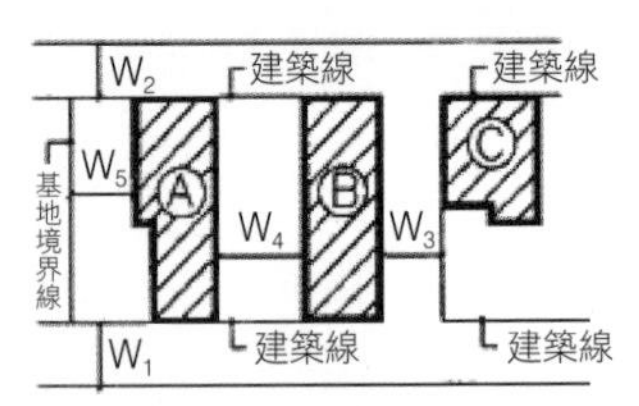

W_1，W_2，W_3 均為道路或永久性空地，W_4，W_5 為法定空地，如圖

① 若 W_1~$W_4 \geq 6m$，$W_5 \geq 3m$ 時，設於建築物 A、B、C 臨接 W_1，W_2，W_3，W_4，W_5 外牆開口之門窗免檢討防火性能。

② 若 W_1，W_2，$W_3 < 6m$，第 110 條第 1、2 款規定之距離，得自道路或永久性空地中心線起算。

第 110 條　圖 110-(1)

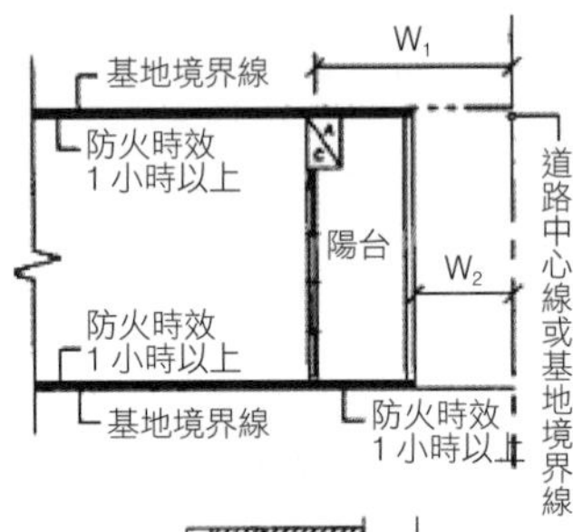

若 $W_1 \geq 3m$　且 $W_2 \geq 1m$，開設於外牆開口部分之門窗免檢討防火性能。

第 110 條　圖 110-(2)

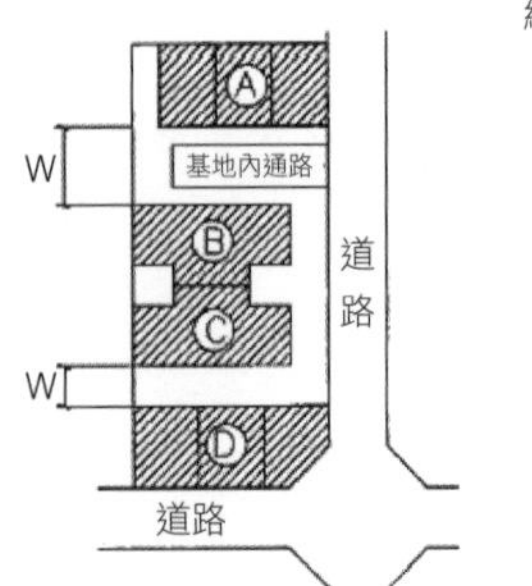

若 $W \geq 6m$，設置於如圖中建築物 A 與 B、C 與 D 相對外牆上之門窗，免檢討防火性能。

第 110 條　圖 110-(3)

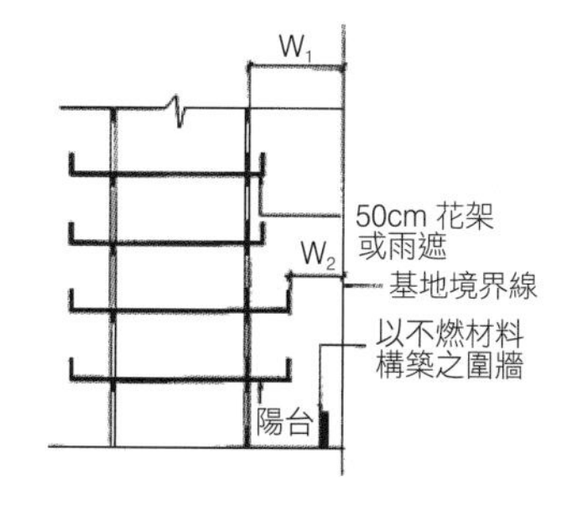

若 $W_1 \geq 3m$　且 $W_2 \geq 1m$，建築物外牆開口部份之門窗防火性能不予限制，花台或雨遮可突出外牆 50cm，W_2 範圍內得設置以不燃材料構築之圍牆。

第 110 條　圖 110-(4)

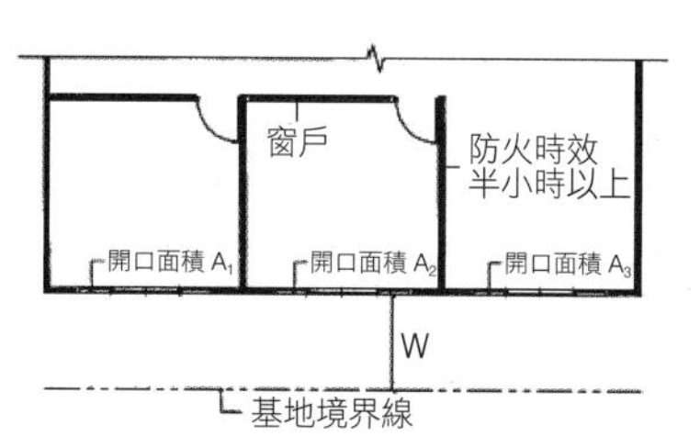

$1.5m \leq W < 3m$，若 A_1，A_2，A_3 均 $\leq 3m^2$ 時，且居家以具防火時效半小時以上之牆壁（不包括門窗）與樓板區劃分隔，則門窗 A_1，A_2，A_3 防火性能不予限制。

第 110 條　圖 110-(5)

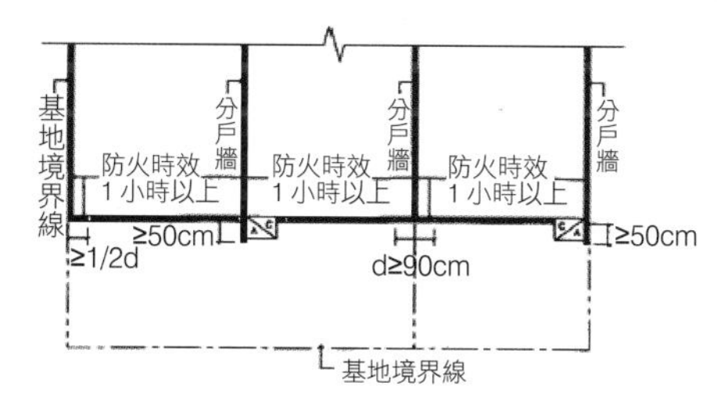

建築物側面外牆（或分戶牆）突出正面 / 背面外牆 50cm 以上，或分戶牆與正面 / 背面之外牆交接處 d 達 90cm 以上，或正面 / 背面之外牆至距離側面外牆 1/2d 以上始設開口者，開設於正面 / 背面外牆之門窗防火性能得不受與側面境界線距離之限制。

第 110 條　圖 110-(6)

第110-1條 ☆☆☆ ▢check

非防火構造建築物，除基地鄰接寬度6公尺以上道路或深度6公尺以上之永久性空地側外，建築物應自基地境界線(後側及兩側)退縮留設淨寬1.5公尺以上之防火間隔。一基地內兩幢建築物間應留設淨寬3公尺以上之防火間隔。

前項建築物自基地境界線退縮留設之防火間隔超過6公尺之建築物外牆與屋頂部分，及一基地內2幢建築物間留設之防火間隔超過12公尺之建築物外牆與屋頂部分，得不受本編第八十四條之一應以不燃材料建造或覆蓋之限制。

第110-2條 (刪除)

~

第112條 (刪除)

第112-1條 ☆☆☆ ▢check

建築物之消防設備，除消防法令另有規定外，依本節及建築設備編之規定。

第七節　消防設備

第113條
★☆☆
▢check

建築物應按左列用途分類分別設置滅火設備、警報設備及標示設備，應設置之數量及構造應依建築設備編之規定：

一、第一類：戲院、電影院、歌廳、演藝場及集會堂等。
二、第二類：夜總會、舞廳、酒家、遊藝場、酒吧、咖啡廳、茶室等。
三、第三類：旅館、餐廳、飲食店、商場、超級市場、零售市場等。
四、第四類：招待所(限於有寢室客房者)寄宿舍、集合住宅、醫院、療養院、養老院、兒童福利設施、幼稚園、盲啞學校等。
五、第五類：學校補習班、圖書館、博物館、美術館、陳列館等。
六、第六類：公共浴室。
七、第七類：工廠、電影攝影場、電視播送室、電信機器室。

八、第八類：車站、飛機場大廈、汽車庫、飛機庫、危險物品貯藏庫等，建築物依法附設之室內停車空間等。

九、第九類：辦公廳、證券交易所、倉庫及其他工作場所。

第114條 ★★★ ▢check

滅火設備之設置依左列規定：

一、室內消防栓應設置合於左列規定之樓層：

(一) 建築物在第5層以下之樓層供前條第一款使用，各層之樓地板面積在300平方公尺以上者；供其他各款使用(學校校舍免設)，各層之樓地板面積在500平方公尺以上者。但建築物為防火構造，合於本編第八十八條規定者，其樓地板面積加倍計算。

(二) 建築物在第6層以上之樓層或地下層或無開口之樓層，供前條各款使用，各層之樓地板面積在150平方公尺以上者。但建築物為防火構造，合於本編第八十八條規定者，其樓地板面積加倍計算。

(三) 前條第九款規定之倉庫，如為儲藏危險物品者，依其貯藏量及物品種類稱另以行政命令規定設置之。

二、自動撒水設備應設置於左列規定之樓層：

(一) 建築物在第6層以上，第10層以下之樓層，或地下層或無開口之樓層，供前條第一款使用之舞台樓地板面積在300平方公尺以上者，供第二款使用，各層之樓地板面積在1000平方公尺以上者；供第三款、第四款(寄宿舍，集合住宅除外)使用，各層之樓地板面積在1500平方公尺以上者。

(二) 建築物在第11層以上之樓層，各層之樓地板面積在100平方公尺以上者。

(三) 供本編第一一三條第八款使用，應視建築物各部份使用性質就自動撒水設備、水霧自動撒水設備、自動泡沫滅火設備、自動乾粉滅火設備、自動二氧化碳設備或自動揮發性液體設備等選擇設置之，但室內停車空間之外牆開口面積(非屬門窗部份)達1/2以上，或各樓層防火區劃範圍內停駐車位數在20輛以下者，免設置。

(四) 危險物品貯藏庫，依其物品種類及貯藏量另以行政命令規定設置之。

第115條 ★★☆ ▢check

建築物依左列規定設置警報設備。其受信機(器)並應集中管理，設於總機室或值日室。但依本規則設有自動撒水設備之樓層，免設警報設備。

一、火警自動警報設備應在左列規定樓層之適當地點設置之：
(一) 地下層或無開口之樓層或第6層以上之樓層，各層之樓地板面積在300平方公尺以上者。
(二) 第5層以下之樓層，供本編第一一三條第一款至第四款使用，各層之樓地板面積在300平方公尺以上者。但零售市場、寄宿舍、集合住宅應為500平方公尺以上；第五款至第九款使用各層之樓地板面積在500公尺以上者；第九款之其他工作場所在1000平方公尺以上者。
二、手動報警設備：第3層以上，各層之樓地板面積在200平方公尺以上，且未裝設自動警報設備之樓層，應依建築設備編規定設置之。
三、廣播設備：第6層以上(集合

住宅除外)，裝設火警自動警報設備之樓層，應裝設之。

第116條 ★☆☆ ▢check

供本編第一一三條第一款、第二款使用及第三款之旅館使用者，依左列規定設置標示設備：

一、出口標示燈：各層通達安全梯及戶外或另一防火區劃之防火門上方，觀眾席座位間通路等應設置標示燈。

二、避難方向指標：通往樓梯、屋外出入口、陽台及屋頂平台等之走廊或通道應於樓梯口、走廊或通道之轉彎處，設置或標示固定之避難方向指標。

第四章之一 建築物安全維護設計

第116-1條 ☆☆☆ ▢check

為強化及維護使用安全，供公眾使用建築物之公共空間應依本章規定設置各項安全維護裝置。

第116-2條 ☆☆☆ ▢check

前條安全維護裝置應依下表規定設置：

空間種類 \ 裝置物名稱			安全維護照明裝置	監視攝影裝置	緊急求救裝置	警戒探測裝置	備註
(一)	停車空間	室內	○	○	○		
		室外	○	○			
(二)	車道		○	○	○		汽車進出口至道路間之通路
(三)	車道出入口		○	○	△		
(四)	機電設備空間出入口					△	
(五)	電梯車廂內			○			
(六)	安全梯間		○	△	△		
(七)	屋突層機械室出入口					△	
(八)	屋頂出入口	屋頂避難平臺			○	△	
		其他			○		
(九)	屋頂空中花園			△			
(十)	公共廁所		○	△	○	△	
(十一)	室內公共通路走廊			△	○		
(十二)	基地內通路		○	△			
(十三)	排煙室			△			
(十四)	避難層門廳			△			
(十五)	避難層出入口		○	△		△	

說明：「○」指至少必須設置一處。「△」指由申請人視實際需要自由設置。

第116-3條

★★☆

▢check

安全維護照明裝置照射之空間範圍，其地面照度基準不得小於下表規定：

	空間種類	照度基準(lux)
(一)	停車空間(室內)	60
(二)	停車空間(室外)	30

	空間種類	照度基準(lux)
(三)	車道	30
(四)	車道出入口	100
(五)	安全梯間	60
(六)	公共廁所	100
(七)	基地內通路	60
(八)	避難層出入口	100

第116-4條 ☆☆☆ ▢check

監視攝影裝置應依下列規定設置：

一、應依監視對象、監視目的選定適當形式之監視攝影裝置。

二、攝影範圍內應維持攝影必要之照度。

三、設置位置應避免與太陽光及照明光形成逆光現象。

四、屋外型監視攝影裝置應有耐候保護裝置。

五、監視螢幕應設置於警衛室、管理員室或防災中心。

設置前項裝置，應注意隱私權保護。

第116-5條 ☆☆☆ ▢check

緊急求救裝置應依下列方式之一設置：

一、按鈕式：觸動時應發出警報聲。

二、對講式：利用電話原理，以相互通話方式求救。

前項緊急求救裝置應連接至警衛室、管理員室或防災中心。

第116-6條 ☆☆☆ ▢check

警戒探測裝置得採用下列方式設置：

一、碰撞振動感應。
二、溫度變化感應。
三、人通過感應。

警戒探測裝置得與監視攝影、照明等其他安全維護裝置形成連動效用。

第116-7條 ☆☆☆ ▢check

各項安全維護裝置應有備用電源供應，並具有防水性能。

第五章 特定建築物及其限制

第一節 通則

第117條 ★☆☆ ▢check

本章之適用範圍依左列規定：

一、戲院、電影院、歌廳、演藝場、電視播送室、電影攝影場、及樓地板面積超過**200平方公尺**之集會堂。
二、夜總會、舞廳、室內兒童樂園、遊藝場及酒家、酒吧等，供其使用樓地板面積之和超過200平方公尺者。

三、商場(包括超級市場、店鋪)、市場、餐廳(包括飲食店、咖啡館)等，供其使用樓地板面積之和超過200平方公尺者。但在避難層之店鋪，飲食店以防火牆區劃分開，且可直接通達道路或私設通路者，其樓地板面積免合併計算。

四、旅館、設有病房之醫院、兒童福利設施、公共浴室等、供其使用樓地板面積之和超過200平方公尺者。

五、學校。

六、博物館、圖書館、美術館、展覽場、陳列館、體育館(附屬於學校者除外)、保齡球館、溜冰場、室內游泳池等，供其使用樓地板面積之和超過200平方公尺者。

七、工廠類，其作業廠房之樓地板面積之和超過50平方公尺或總樓地板面積超過70平方公尺者。

八、車庫、車輛修理場所、洗車場、汽車站房、汽車商場(限於在同一建築物內有停車場者)等。

九、倉庫、批發市場、貨物輸配所等，供其使用樓地板面積之和超過150平方公尺者。

十、汽車加油站、危險物貯藏庫及其處理場。

十一、總樓地板面積超過1000平方公尺之政府機關及公私團體辦公廳。

十二、屠宰場、污物處理場、殯儀館等，供其使用樓地板面積之和超過200平方公尺者。

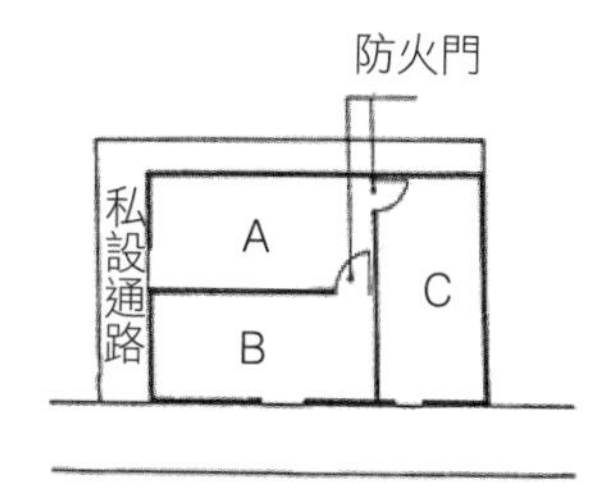

避難層作店舖，飲食店使用，並以防火牆區限劃分為A、B、C三部分，任何一部份樓地板面積均未超過200平方公尺時，則非為特定建築物，不必受本章規定之限制，但此項規定以A、B、C均可直接向道路或私設通路疏散者為限。

第117條　圖117

第118條 ☆☆☆ ▢check

前條建築物之面前道路寬度，除本編第一百二十一條及第一百二十九條另有規定者外，應依下列規定。基地臨接2條以上道路，供特定建築物使用之主要出入口應臨接合於本章規定寬度之道路：

一、集會堂、戲院、電影院、酒家、夜總會、歌廳、舞廳、酒吧、加油站、汽車站房、汽車商場、批發市場等建築物，應臨接寬<u>**12**公尺</u>以上之道路。

二、其他建築物應臨接寬<u>**8**公尺</u>以上之道路。但前款用途以外之建築物臨接之面前道路寬度不合本章規定者，得按規定寬度自建築線退縮後建築。退縮地不得計入法定空地面積，且不得於退縮地內建造圍牆、排水明溝及其他雜項工作物。

三、建築基地未臨接道路，且供第一款用途以外之建築物使用者，得以私設通路連接道路，該道路及私設通路寬度均合於本條之規定者，該私設通路視為該建築基地之面前道路，且私設通路所占面積不得計入法定空地面積。

前項面前道路寬度，經直轄市、縣(市)政府審查同意者，得不受前項、本編第一百二十一條及第一百二十九條之限制。

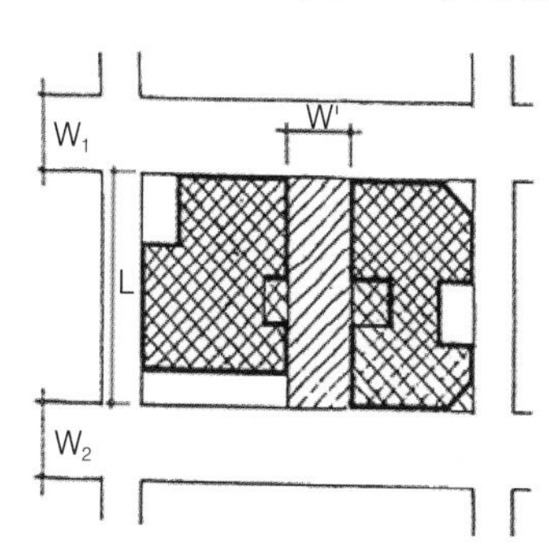

W_1 , W_2 = 特定建築物面前道路寬度
W' = 私設通路寬度
若 L ≤ 特定建築物面前道路寬度 (W_1 , W_2) 二倍且未逾 30 公尺且 W'>6m 時，或 W'> 特定建築物規定之寬度 (W_1, W_2) 時，則主要出入口可向私設通路開設。L = 私設通路開設

第 118 條　圖 118

第119條 ★☆☆ ▢check

建築基地臨接前條規定寬度道路之長度，除本編第一百二十一條及第一百二十九條另有規定者外，不得小於下表規定：

特定建築物總樓地板面積	臨接長度
500平方公尺以下者	4公尺
超過500平方公尺，1000平方公尺以下者	6公尺
超過1000平方公尺，2000平方公尺以下者	8公尺
超過2000平方公尺者	10公尺

前項面前道路之臨接長度，經直轄市、縣(市)政府審查同意者，得不受前項、本編第一百二十一條及第一百二十九條之限制。

第120條 ☆☆☆ ▢check

本節規定建築物之廚房，浴室等經常使用燃燒設備之房間不得設在樓梯直下方位置。

第二節　戲院、電影院、歌廳、演藝場及集會

第121條 ★★☆ ▢check

本節所列建築物基地之面前道路寬度與臨接長度依左列規定：

一、觀眾席地板合計面積未達1000平方公尺者，道路寬度應為12公尺以上。觀眾席樓地板合計面積在1000平方公尺以上者，道路寬度應為15公尺以上。

二、基地臨接前款規定道路之長度不得小於左列規定：

(一) 應為該基地周長1/6以上。

(二) 觀眾席樓地板合計面積未達200平方公尺者，應為15公尺以上，超過200平方公尺未達600平

方公尺每10平方公尺或其零數應增加34公分，超過600平方公尺部份每10平方公尺或其零數應增加17公分。

三、基地除臨接第一款規定之道路外，其他兩側以上臨接寬4公尺以上之道路或廣場、公園、綠地或於基地內兩側以上留設寬4公尺且淨高3公尺以上之通路，前款規定之長度按8/10計算。

四、建築物內有二種以上或一種而有2家以上之使用者，其在地面層之主要出入口應依本章第一二二條規定留設空地或門廳。

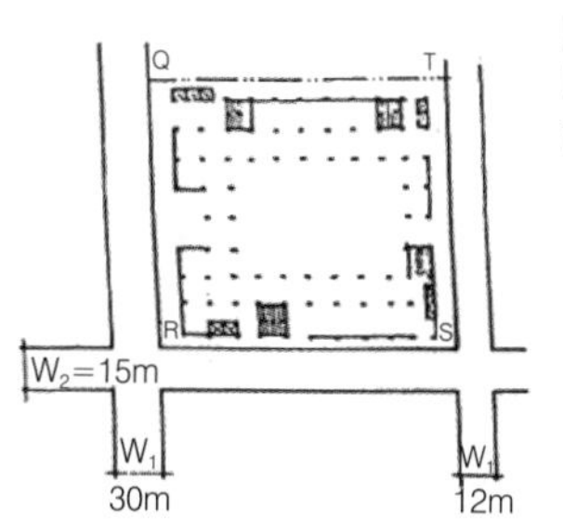

F.A. 為商場、餐廳樓地板面積
F.B. 為觀眾席面積
設 1. 層均為百貨商場
每層 F.A.= 2000m^2
2. 3. 層為電影院
每層觀眾席
面積 F.B. = 1200m^2
4. 層為歌劇院
F.B. = 1200m^2
5.6.7. 層為餐廳
F.A. = 2000m^2

① 主要出入口集中或分別留設。

② 基地臨接面前道路之長度，係指符合規定寬度之道路，其臨接長度。

③ 符合規定寬度之道路有二條以上時，其前面空地之深度可依計算之結果除以該合於規定道路之條數 (如有二條道路時，除以 2)。

④ 主要出入口門廳之長度依計算結果因太長而致留設困難時，得就相等之面積調整其深度及長度，但調整後均不得小於 5m。

⑤ 本圖例計算如下：

(1) 面前道路之寬度 (第 117 條、121 條)：

$\Sigma F.B. = F_3+F_4+F_6 = 3600m^2 > 1000m^2$

∴ 面前道路寬度 W ≥ 15m (第 121 條 1 款)

圖中之 W_1, W_2 均得視為電影院及歌劇院之面前道路，其主要出入入口得集中或分別臨接此二條道路。

(2) 基地臨接面前道路之長度 (第 121 條 2 款，121 條 3 款)：

$$\ell = [15m + \frac{34}{10} \times 400 + \frac{17}{10} \times (3600 - 600)] \times 0.8 = 63.68m$$

即 (QR+RS) ≥ 63.68m 且 $\frac{1}{6} \geq S$

圖中 W_3 之寬度未達本章規定之寬度，不得視為面前道路，其長度不得計入。

(3) 前面空地深度 (第 121 條 4 款，第 122 條 1、3 款，第 130 條 2 款)

$\Sigma F.B. = 3600m^2$　　$\Sigma F.A. = 8000m^2$

依 F.B.(122 條 3 款) $D_1 = 1.5 + \frac{2.5}{10} \times (3600 - 200) = 10m$

依 F.A.(130 條 2 款) $D_2 = 5m$

因本基地面前道路有兩條，故依 F.B.(122 條 3 款) 所得之 D_1 應除以 2 即應留設前面空地之深度 $D \geq 1/2 \times 10 = 5m$，且 $D \geq D_2$ 本圖例，應自 W_1 及 W_2 兩兩留設前面空地深度

≥ 5m，其超過法定騎樓深度之部份仍應計入建築面積。其長度應 ≥63.68m，且不得為停車空間。

[註]：依 122 及 130 條所計算出之深度不同時，取其中較大者留設之。

(4) 門廳 (第 122 條 2 款，第 130 條 2 款)

(a) 第 2. 3. 4. 層，應於各該層主要出入口處留設門廳，其長度

$\ell = 1200m^2 \times \frac{17}{10} = 20.4m$，

深度 D ≥ 5m (第 122 條 2 款 (2) 目)

因長度 ℓ 太長，故調整長度如下 (面積不變)：

$A = 20.4 \times 5 = 102m^2$ 得改為直徑 11.4m 以上圓形或 10.1m 以之正方形或其他各種形狀。

(b) 第 1. 5. 6. 7. 層，若於留設前面空地時，未依 130 條留設前面空地時，則避難層應留設門廳，其長度

$\ell = 2000 \times \frac{60}{100} \times 2 = 24m$，

深度 D ≥ 5m。本例因已設前面空地，故可不必避難層再留設門廳。

第 121 條　圖 121

第122條

★☆☆

▢check

本節所列建築物依左列規定留設空地或門廳：

一、觀眾席主層在避難層，建築物應依左列規定留設前面及側面空地：

(一) 觀眾席樓地板面積合計在200平方公尺以下

者，自建築線退縮1.5公尺以上。

(二) 觀眾席樓地板面積合計超過200平方公尺以上者，除應自建築線起退縮1.5公尺外，並按超過部份每十平方公尺或其零數，增加2.5公分。

(三) 臨接法定騎樓或牆面線者，退縮深度不得小於騎樓或牆面線之深度。

(四) 側面空地深度依前面空地規定之深度(側面道路之寬度併計為空地深度)，並應連接前條第一款規定之道路。基地前、後臨接道路，且道路寬度大於規定之側面空地深度者，免設側面空地。

(五) 建築物為防火建築物，留設之前面或側面空地內得設置淨高在3公尺以上之騎樓(含私設騎樓)、門廊或其他頂蓋物。

二、觀眾席主層在避難層以外之樓層，依左列規定：

(一) 建築物臨接前條第一款規定道路部份，依本條前款規定留設前面空地者，免設側面空地。

(二) 觀眾席主層之主要出入口前面應留設門廳；門廳之長度不得小於本編第九十條第二款規定出入口之總寬度，且深度及淨高應分別為5公尺及3公尺以上。

(三) 同一樓層有二種以上或一種而有2家以上之使用者，其門廳可分別留設或集中留設。

三、同一建築物內有二種以上或一種而有2家以上之使用，其觀眾席主層分別在避難層及避難層以外之不同樓層者，留設前面空地之深度應合計其各層觀眾席樓地板面積計算之；側面空地之深度免計避難層以外樓層之樓地板面積。依前項規定留設之空地，不得作為停車空間。

第123條 觀眾席之構造，依左列規定：
★★☆
▢check

一、固定席位：椅背間距離不得小於85公分，單人座位寬度不得小於45公分。
二、踏級式樓地板每級之寬度應為85公分以上，每級高度應為50公分以下。
三、觀眾席之天花板高度應在3.5公尺以上，且淨高不得小於2.5公尺。

第124條 觀眾席位間之通道，應依左列規定：
★★☆
▢check

一、每排相連之席位應在每8位(椅背與椅背間距離在95公分以上時，得為12席)座位之兩側設置縱通道，但每排僅4席位相連者(椅背與椅背間距離在95公分以上時得為6席)縱通道得僅設於一側。
二、第一款通道之寬度，不得小於80公分，但主要樓層之觀眾席面積超過900平方公尺者，應為95公分以上，緊靠牆壁之通道，應為60公分以上。

三、橫排席位至少每15排(椅背與椅背間在95公分以上者得為20排)及觀眾席之最前面均應設置寬1公尺以上之橫通道。

四、第一款至第三款之通道均應直通規定之出入口。

五、除踏級式樓地板外，通道地板如有高低時，其坡度應為1/10以下，並不得設置踏步；通道長度在3公尺以下者，其坡度得為1/8以下。

六、踏級式樓地板之通道應依左列規定：

(一) 級高應一致，並不得大於25公分，級寬應為25公分以上。

(二) 高度超過3公尺時，應每3公尺以內為橫通道，走廊或連接樓梯之通道相接通。

第124-1條 ★☆☆ ▢check

觀眾席位，依連續式席位規定設置者，免依前條規定設置縱、橫通道；連續式席位之設置，依左列規定：

一、每一席位之寬度應在45公分以上。

二、橫排席位間扣除座椅後之淨寬度依左表標準。

每排席位數	淨寬度
未滿19位	45公分
19位以上未滿36位	47.5公分
36位以上未滿46位	50公分
46位以上	52.5公分

三、席位之兩側應設置1.1公尺寬之通道，並接通規定之出入口。

四、前款席位兩側之通道應按每5排橫席位各留設一處安全門，其寬度不得小於1.4公尺。

第125條 (刪除)

第126條 ☆☆☆ ▢check

戲院及演藝場之舞台面積在300平方公尺以上者，其構造依左列規定：

一、舞台開口之四周應設置防火牆，舞台開口之頂部與觀眾席之分界處應設置防火構造壁梁通達屋頂或樓板。

二、舞台下及舞台各側之其他各室均應為防火構造或以不燃材料所建造。

三、舞台上方應設置自動撒水或噴霧泡沫等滅火設備及有效之排煙設備。

四、自舞台及舞台各側之其他各室應設有可通達戶外空地之出入口、樓梯或寬1公尺以上之避難用通道。

第127條 ★☆☆ ▢check

觀眾席主層在避難層以外之樓層，應依左列規定：

一、位避難層以上之樓層，得設置符合左列規定之陽台或露台或外廊以取代本編第九十二條第二款規定之走廊。

(一) 寬度在1.5公尺以上。

(二) 與自觀眾席向外開啟之防火門出入口相接。

(三) 地板面高度應與前目出入口部分之觀眾席地板面同高。

(四) 應與通達避難層或地面之樓梯或坡道連接。

二、位於避難層以下之樓層，觀眾席樓地板面應在基地地面或道路路面以下7公尺以內，面積合計不得超過200平方公尺，並以1層為限。但觀眾席主層能通達室外空地，室外空地面積為觀眾席樓地板面積1/5以上，且任一邊之最小淨寬度應在6公尺以上，且該空地在基地地面下7公尺以內，能通達基地地面避難者，不在此限。

三、位於5層樓以上之樓層，且觀眾席樓地板面積合計超過200平方公尺者，應於該層設置可供避難之室外平台，其面積應為觀眾席樓地板面積1/5以上，且任一邊之最小淨寬度應在4公尺以上。該平台面積得計入屋頂避難平台面積，並應自該平台設置1座以上之特別安全梯或戶外安全梯直通避難層。

第128條 ★☆☆ ▢check

放映室之構造，依下列規定：

一、應為防火構造(天花板採用不燃材料)。

二、天花板高度，不得小於**2.1公尺**，容納1台放映機之房間其淨深不得小於**3公尺**，淨寬不得小於**2公尺**，但放映機每增加1台，應增加淨寬1公尺。

三、出入口應裝設向外開之具有1小時以上防火時效之防火門。放映孔及瞭望孔等應以玻璃或其他材料隔開，或裝設自動或手動開關。

四、應有適當之機械通風設備。

放映機採數位或網路設備，且非使用膠捲者，得免設置放映室。

第三節　商場、餐廳、市場

第129條 ☆☆☆ ▢check

供商場、餐廳、市場使用之建築物，其基地與道路之關係應依左列規定：

一、供商場、餐廳、市場使用之樓地板合計面積超過1500平方公尺者，不得面向寬度**10**

公尺以下之道路開設，臨接道路部份之基地長度並不得小於基地周長1/6。
二、前款樓地板合計面積超過3000平方公尺者，應面向2條以上之道路開設，其中一條之路寬不得小於12公尺，但臨接道路之基地長度超過其周長1/3以上者，得免面向2條以上道路。

第130條 ★☆☆ ▢check

前條規定之建築物應於其地面層主要出入口前面依下列規定留設空地或門廳：
一、樓地板合計面積超過1500平方公尺者，空地或門廳之寬度不得小於依本編第九十條之一規定出入口寬度之2倍，深度應在3公尺以上。
二、樓地板合計面積超過2000平方公尺者，寬度同前款之規定，深度應為5公尺以上。
三、第一款、第二款規定之門廳淨高應為3公尺以上。
前項空地不得作為停車空間。

第131條 連續式店鋪商場之室內通路寬度應依左表規定：

☆☆☆
▢check

各層之樓地板面積	兩側均有店鋪之通路寬度	其他通路寬度
200平方公尺以上，1000平方公尺以下	3公尺以上	2公尺以上
3000平方公尺以下	4公尺以上	3公尺以上
超過3000平方公尺	6公尺以上	4公尺以上

第132條 市場之出入口不得少於2處，其地面層樓地板面積超過1000平方公尺者應增設1處。前項出入口及市場內通路寬度均不得小於3公尺。

☆☆☆
▢check

第四節　學校

第133條 校舍配置，方位與設備應依左列規定：

★☆☆
▢check

一、臨接應留設法定騎樓之道路時，應自建築線退縮騎樓地再加1.5公尺以上建築。

二、臨接建築線或鄰地境界線者，應自建築線或鄰地界線退後3公尺以上建築。

三、教室之方位應適當，並應有適當之人工照明及遮陽設備。

四、校舍配置，應避免聲音發生互相干擾之現象。

五、建築物高度，不得大於2幢建築物外牆中心線水平距離1.5倍，但相對之外牆均無開口，或有開口但不供教學使用者，不在此限。

六、樓梯間、廁所、圍牆及單身宿舍不受第一款、第二款規定之限制。

第134條 ☆☆☆ ▢check

國民小學，特殊教育學校或身心障礙者教養院之教室，不得設置在4層以上。但國民小學而有下列各款情形並無礙於安全者不在此限：

一、4層以上之教室僅供高年級學童使用。

二、各層以不燃材料裝修。

三、自教室任一點至直通樓梯之步行距離在30公尺以下。

第134-1條 (刪除)

第五節　車庫、車輛修理場所、洗車站房、汽車商場(包括出租汽車及計程車營業站)

第135條　建築物之汽車出入口不得臨接下列道路及場所：

★★☆

▢check

一、自道路交叉點或截角線，轉彎處起點，穿越斑馬線、橫越天橋或地下道上下口起5公尺以內。

二、坡度超過8:1之道路。

三、自公共汽車招呼站、鐵路平交道起10公尺以內。

四、自幼兒園、國民小學、特殊教育學校、身心障礙者教養院或公園等出入口起20公尺以內。

五、其他經主管建築機關或交通主管機關認為有礙交通所指定之道路或場所。

第136條　汽車出入應設置緩衝空間，其寬度及深度應依下列規定：

★★☆

▢check

一、自建築線後退2公尺之汽車出入路中心線上一點至道路中心線之垂直線左右各60度以上範圍無礙視線之空間。

二、利用昇降設備之車庫，除前款規定之空間外，應再增設寬度及深度各6公尺以上之等候空間。

第137條
☆☆☆
▢check

車庫等之建築物構造除應依本編第六十九條附表第六類規定辦理外，凡有左列情形之一者，應為防火建築物：

一、車庫等設在避難層，其直上層樓地板面積超過100平方公尺者。但設在避難層之車庫其直上層樓地板面積在100平方公尺以下或其主要構造為防火構造，且與其他使用部份之間以防火樓板、防火牆以及甲種防火門區劃者不在此限。

二、設在避難層以外之樓層者。

第138條
☆☆☆
▢check

供車庫等使用部份之構造及設備除依本編第六十一條第六十二條規定外，應依左列規定：

一、樓地板應為耐水材料，並應有污水排除設備。

二、地板如在地面以下時，應有2面以上直通戶外之通風口，或有代替之機械通風設備。

三、利用汽車昇降機設備者，應按車庫樓地板面積每1200平方公尺以內為一單位裝置昇降機1台。

第139條

☆☆☆

▢check

車庫部分之樓地板面積超過500平方公尺者，其構造設備除依本編第六十一條、第六十二條規定外，應依下列規定。但使用特殊裝置經主管建築機關認為具有同等效能者，不在此限。

一、應設置能供給樓地板面積每1平方公尺每小時25立方公尺以上換氣量之機械通風設備。但設有各層樓地板面積1/10以上有效通風之開口面積者，不在此限。

二、汽車出入口處應裝置警告及減速設備。

三、應設置之直通樓梯應改為安全梯。

第六章 防空避難設備

第一節　通則

第140條
☆☆☆
▢check

凡經中央主管建築機關指定之適用地區，有新建、增建、改建或變更用途行為之建築物或供公眾使用之建築物，應依本編第一百四十一條附建標準之規定設置防空避難設備。但符合下列規定之一者不在此限：

一、建築物變更用途後應附建之標準與原用途相同或較寬者。
二、依本條指定為適用地區以前建造之建築物申請垂直方向增建者。
三、建築基地周圍150公尺範圍內之地形，有可供全體人員避難使用之處所，經當地主管建築機關會同警察機關勘察屬實者。
四、其他特殊用途之建築物經中央主管建築機關核定者。

第141條 ★★★ ▢check

防空避難設備之附建標準依下列規定：

一、非供公眾使用之建築物，其層數在6層以上者，按建築面積全部附建。

二、供公眾使用之建築物：

(一) 供戲院、電影院、歌廳、舞廳及演藝場等使用者，按建築面積全部附建。

(二) 供學校使用之建築物，按其主管機關核定計畫容納使用人數每人0.75平方公尺計算，整體規劃附建防空避難設備。並應就實際情形於基地內合理配置，且校舍或居室任一點至最近之避難設備步行距離，不得超過300公尺。

(三) 供工廠使用之建築物，其層數在5層以上者，按建築面積全部附建，或按目的事業主管機關所核定之投資計畫或設廠計畫書等之設廠人數每人0.75平方公尺計算，整體規劃附建防空避難設備。

(四) 供其他公眾使用之建築物，其層數在5層以上者，按建築面積全部附建。

前項建築物樓層數之計算，不包括整層依獎勵增設停車空間規定設置停車空間之樓層。

第142條 ★☆☆ ▢check

建築物有下列情形之一，經當地主管建築機關審查或勘查屬實者，依下列規定附建建築物防空避難設備：

一、建築基地如確因地質地形無法附建地下或半地下式避難設備者，得建築地面式避難設備。

二、應按建築面積全部附建之建築物，因建築設備或結構上之原因，如昇降機機道之緩衝基坑、機械室、電氣室、機器之基礎，蓄水池、化糞池等固定設備等必須設在地面以下部份，其所佔面積准免補足；並不得超過附建避難設備面積1/4。

三、因重機械設備或其他特殊情形附建地下室或半地下室確實有困難者，得建築地面式避難設備。

四、同時申請建照之建築物，其應附建之防空避難設備得集中附建。但建築物居室任一點至避難設備進出口之步行距離不得超過300公尺。

五、進出口樓梯及盥洗室、機械停車設備所占面積不視為固定設備面積。

六、供防空避難設備使用之樓層地板面積達到200平方公尺者，以兼作停車空間為限；未達200平方公尺者，得兼作他種用途使用，其使用限制由直轄市、縣(市)政府定之。

第143條 (刪除)

第二節　設計及構造概要

第144條 NEW ★★★ ▢check

防空避難設備之設計及構造準則規定如下：

一、天花板高度或地板至樑底之高度不得小於2.1公尺。

二、進出口之設置依下列規定：

(一) 面積未達240平方公尺者，應設2處進出口。其中一處得為通達戶外之爬梯式緊急出口。緊急出口淨寬至少為0.6公尺見方或直徑0.85公尺以上。

(二) 面積達240平方公尺以上者，應設2處階梯式(包括汽車坡道)進出口，其中一處應通達戶外。

三、開口部分直接面向戶外者(包括面向地下天井部分)，其門窗應為具1小時以上防火時效之防火門窗。室內設有進出口門，應為不燃材料。

四、避難設備露出地面之外牆或進出口上下四周之露天部分或露天頂板，其構造體之鋼筋混凝土厚度不得小於24公分。

五、半地下式避難設備，其露出地面部分應小於天花板高度1/2。

六、避難設備應有良好之通風設備及防水措施。

七、避難室構造應一律為鋼筋混凝土構造或鋼骨鋼筋混凝土構造。

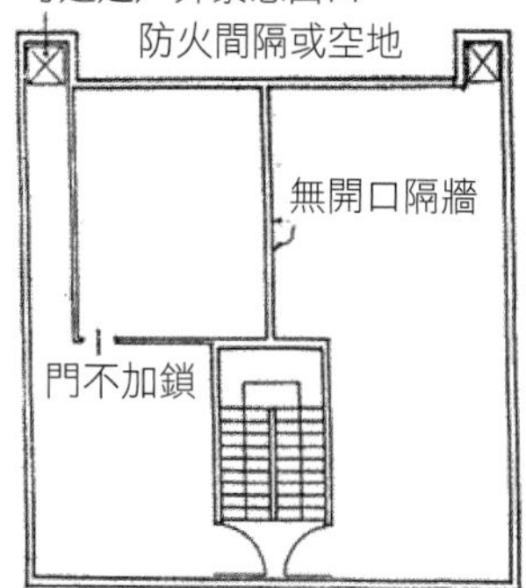

防空避難室面積 A <240m²

① 防空避難室設有無開口之隔間牆後，隔間後之各部分依其面積大小，分別依本條規定設置出入口。

② 整體規劃之防空避難設備，0.5 m² / 人，係指每人應有之淨面積 (即固定設備、樓梯間面積均應扣除)。

③ 防空避難室如因兼做他種使用依規定應為安全梯構造時，則門扇開啟應合於第 33 條第 5 款之規定，安全門之構造應合於第 97 條之規定，不兼做他種使用時，依第 144 條第 3 款之規定。

第 144 條　圖 144–(1)

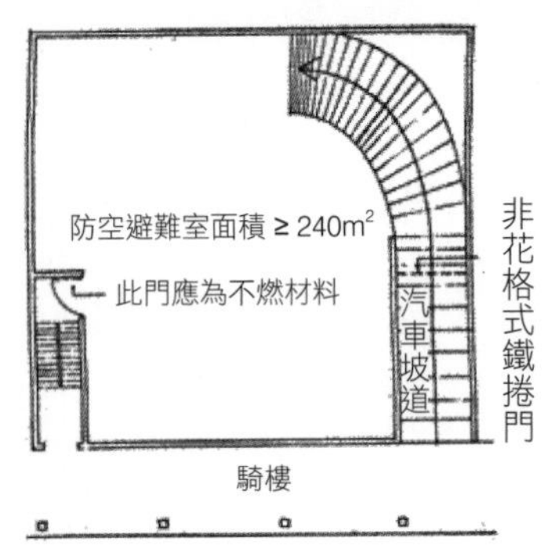

① 以汽車坡道作為避難室出入口者，其坡度不得超過 1/6。

② 防空避難設備兼做他種用途時，依下列規定：

(1) 依規定設置消防設備通風設備及安全梯。

(2) 免於檢討停車空間。

(3) 准於申請建造執照時併案辦理。

第 144 條　圖 144-(2)

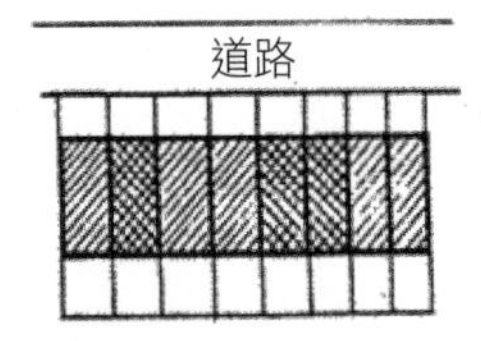

▨ 防空避難室

建築物雖然分宗申請建照，但各宗基地相毗鄰，且在同一街廓內，同時提出申請時，仍可集中附建防空避難設備。

第 144 條　圖 144-(3)

第七章 雜項工作物

第145條
☆☆☆
▢check

本章適用範圍依本法第七條之規定，高架遊戲設施及纜車等準用本章之規定。

第146條
NEW
★☆☆
▢check

煙囪之構造除應符合本規則建築構造編、建築設備編有關避雷設備及本編第五十二條、第五十三條規定外，並應依下列規定辦理：

一、磚構造及無筋混凝土構造應補強設施，未經補強之煙囪，其高度應依本編第五十二條第一款規定。

二、混凝土管煙囪，在管之搭接處應以鐵管套連接，並應加設支撐用框架或以斜拉線固定。

三、高度超過10公尺之煙囪應為鋼筋混凝土造或鋼鐵造。

四、鋼筋混凝土造煙囪之鋼筋保護層厚度應為5公分以上。

前項第二款之斜拉線應固定於鋼筋混凝土樁或建築物或工作物或經防腐處理之木樁。

第147條 ★☆☆ ▢check

廣告牌塔、裝飾塔、廣播塔或高架水塔等之構造應依左列規定：

一、主要部份之構造不得為磚造或無筋混凝土造。

二、各部份構造應符合本規則建築構造編及建築設備編之有關規定。

三、設置於建築物外牆之廣告牌不得堵塞本規則規定設置之各種開口及妨礙消防車輛之通行。

第148條 ★☆☆ ▢check

駁崁之構造除應符合本規則建築構造編之有關規定外並應依左列規定辦理：

一、應為鋼筋混凝土造、石造或其他不腐爛材料所建造之構造，並能承受土壤及其他壓力。

二、卵石造駁崁裡層及卵石間應以混凝土填充，使石子和石子之間能緊密結合成為整體。

三、駁崁應設有適當之排水管，在出水孔裡層之周圍應填以小石子層。

第149條 ☆☆☆ ▢check

高架遊戲設施之構造，除應符合建築構造編之有關規定外，並應依左列規定辦理：

一、支撐或支架用於吊掛車廂、纜車或有人乘坐設施之構造，其主要部份應為鋼骨造或鋼筋混凝土造。
二、第一款之車廂、纜車或有人乘坐設施應構造堅固，並應防止人之墜落及其他構造部份撞觸時發生危害等。
三、滾動式構造接合部份均應為可防止脫落之安全構造。
四、利用滑車昇降之纜車等設備者。其鋼纜應為2條以上，並應為防止鋼纜與滑車脫離之安全構造。
五、乘坐設施應於明顯處標明人數限制。
六、在動力被切斷或控制裝置發生故障可能發生危險事故者，應有自動緊急停止裝置。
七、其他經中央主管建築機關認為在安全上之必要規定。

第八章 施工安全措施

第一節　通則

第150條
☆☆☆
▢check

凡從事建築物之新建、增建、改建、修建及拆除等行為時，應於其施工場所設置適當之防護圍籬、擋土設備、施工架等安全措施，以預防人命之意外傷亡、地層下陷、建築物之倒塌等而危及公共安全。

第151條
☆☆☆
▢check

在施工場所儘量避免有燃燒設備，如在施工時確有必要者，應在其周圍以不燃材料隔離或採取防火上必要之措施。

第二節　防護範圍

第152條
★★☆
▢check

凡從事本編第一五〇條規定之建築行為時，應於施工場所之周圍，利用鐵板木板等適當材料設置高度在1.8公尺以上之圍籬或有同等效力之其他防護設施，但其周圍環境無礙於公共安全及觀瞻者不在此限。

第153條 ★★★ ▢check

為防止高處墜落物體發生危害，應依左列規定設置適當防護措施：

一、自地面高度3公尺以上投下垃圾或其他容易飛散之物體時，應用垃圾導管或其他防止飛散之有效設施。

二、本法第六十六條所稱之適當圍籬應為設在施工架周圍以鐵絲網或帆布或其他適當材料等設置覆蓋物以防止墜落物體所造成之傷害。

第三節　擋土設備安全措施

第154條 ★☆☆ ▢check

凡進行挖土、鑽井及沉箱等工程時，應依左列規定採取必要安全措施：

一、應設法防止損壞地下埋設物如瓦斯管、電纜，自來水管及下水道管渠等。

二、應依據地層分布及地下水位等資料所計算繪製之施工圖施工。

三、靠近鄰房挖土，深度超過其基礎時，應依本規則建築構造編中有關規定辦理。

四、挖土深度在1.5公尺以上者，

除地質良好，不致發生崩塌或其周圍狀況無安全之虞者外，應有適當之擋土設備，並符合本規則建築構造編中有關規定設置。

五、施工中應隨時檢查擋土設備，觀察周圍地盤之變化及時予以補強，並採取適當之排水方法，以保持穩定狀態。

六、拔取板樁時，應採取適當之措施以防止周圍地盤之沉陷。

第四節　施工架、工作台、走道

第155條 ★★☆ ▢check

建築工程之施工架應依左列規定：

一、施工架、工作台、走道、梯子等，其所用材料品質應良好，不得有裂紋，腐蝕及其他可能影響其強度之缺點。

二、施工架等之容許載重量，應按所用材料分別核算，懸吊工作架(台)所使用鋼索、鋼線之安全係數不得小於10，其他吊鎖等附件不得小於5。

三、施工架等不得以油漆或作其他處理，致將其缺點隱蔽。

四、不得使用鑄鐵所製鐵件及曾和酸類或其他腐蝕性物質接觸之繩索。

五、施工架之立柱應使用墊板、鐵件或採用埋設等方法予以固定，以防止滑動或下陷。

六、施工架應以斜撐加強固定，其與建築物間應各在牆面垂直方向及水平方向適當距離內妥實連結固定。

七、施工架使用鋼管時，其接合處應以零件緊結固定；接近架空電線時，應將鋼管或電線覆以絕緣體等，並防止與架空電線接觸。

第156條 工作台之設置應依左列規定：

★★★

▢check

一、凡離地面或樓地板面2公尺以上之工作台應鋪以密接之板料：

(一) 固定式板料之寬度不得小於40公分，板縫不得大於3公分，其支撐點至少應有2處以上。

(二) 活動板之寬度不得小於20公分，厚度不得小於3.6公分，長度不得小於3.5公尺，其支撐點至少有3處以上，板端突出支撐點之長度不得少於10公分，但不得大於板長1/18。

(三) 二重板重疊之長度不得小於20公分。

二、工作台至少應低於施工架立柱頂1公尺以上。

三、工作台上四周應設置扶手護欄，護欄下之垂直空間不得超過90公分，扶手如非斜放，其斷面積不得小於30平方公分。

第157條 走道及階梯之架設應依左列規定：

★★★
▢check

一、坡度應為30度以下，其為15度以上者應加釘間距小於30公分之止滑板條，並應裝設適當高度之扶手。

二、高度在8公尺以上之階梯，應每7公尺以下設置平台1處。

三、走道木板之寬度不得小於30公分，其兼為運送物料者，不得小於60公分。

第五節　按裝及材料之堆積

第158條 建築物各構材之按裝時應用支撐或螺栓予以固定並應考慮其承載能力。

☆☆☆
▢check

第159條 工程材料之堆積不得危害行人或工作人員及不得阻塞巷道，堆積在擋土設備之周圍或支撐上者，不得超過設計荷重。

☆☆☆
▢check

第九章 容積設計

第160條 實施容積管制地區之建築設計，除都市計畫法令或都市計畫書圖另有規定外，依本章規定。

☆☆☆
▢check

第161條 本規則所稱容積率，指基地內建築物之容積總樓地板面積與基地面積之比。基地面積之計算包括法定騎樓面積。

前項所稱容積總樓地板面積，指建築物除依本編第五十五條、第一百六十二條、第一百八十一條、第三百條及其他法令規定，不計入樓地板面積部分外，其餘各層樓地板面積之總和。

☆☆☆
▢check

第162條 ★★★ ▢check

前條容積總樓地板面積依本編第一條第五款、第七款及下列規定計算之：

一、每層陽臺、屋簷突出建築物外牆中心線或柱中心線超過2公尺或雨遮、花臺突出超過1公尺者，應自其外緣分別扣除2公尺或1公尺作為中心線，計算該層樓地板面積。每層陽臺面積未超過該層樓地板面積之10%部分，得不計入該層樓地板面積。每層共同使用之樓梯間、昇降機間之梯廳，其淨深度不得小於2公尺；其梯廳面積未超過該層樓地板面積10%部分，得不計入該層樓地板面積。但每層陽臺面積與梯廳面積之和超過該層樓地板面積之15%部分者，應計入該層樓地板面積；無共同使用梯廳之住宅用途使用者，每層陽臺面積之和，在該層樓地板面積12.5%或未超過8平方公尺部分，得不計入容積總樓地板面積。

二、1/2以上透空之遮陽板，其深度在2公尺以下者，或露臺或法定騎樓或本編第一條第九款第一目屋頂突出物或依法設置之防空避難設備、裝卸、機電設備、安全梯之梯間、緊急昇降機之機道、特別安全梯與緊急昇降機之排煙室及依公寓大廈管理條例規定之管理委員會使用空間，得不計入容積總樓地板面積。但機電設備空間、安全梯之梯間、緊急昇降機之機道、特別安全梯與緊急昇降機之排煙室及管理委員會使用空間面積之和，除依規定僅須設置一座直通樓梯之建築物，不得超過都市計畫法規及非都市土地使用管制規則規定該基地容積之**10%**外，其餘不得超過該基地容積之**15%**。

三、建築物依都市計畫法令或本編第五十九條規定設置之停車空間、獎勵增設停車空間及未設置獎勵增設停車空間之自行增設停車空間，得不計入容積總樓地板面積。但面臨超過12公尺道路之一棟一戶連棟建築物，除汽車車道外，其設置於地面層之停車空間，應計入容積總樓地板面積。

前項第二款之機電設備空間係指電氣、電信、燃氣、給水、排水、空氣調節、消防及污物處理等設備之空間。但設於公寓大廈專有部分或約定專用部分之機電設備空間，應計入容積總樓地板面積。

第163條 ★★☆ ▢check

基地內各幢建築物間及建築物至建築線間之通路，得計入法定空地面積。

基地內通路之寬度不得小於左列標準，但以基地內通路為進出道路之建築物，其總樓地板面積合計在1000平方公尺以上者，通路寬度為6公尺。

一、長度未滿10公尺者為2公尺。

二、長度在10公尺以上未滿20公尺者為3公尺。

三、長度在20公尺以上者為5公尺。

基地內通路為連通建築線者，得穿越同一基地建築物之地面層，穿越之深度不得超過15公尺，淨寬並應依前項寬度之規定，淨高至少3公尺，其穿越法定騎樓者，淨高不得少於法定騎樓之高度。該穿越部份得不計入樓地板面積。第一項基地內通路之長度，自建築線起算計量至建築物最遠一處之出入口或共同出入口。

第164條 ★★★ ◯check

建築物高度依下列規定：

一、建築物以3.6比1之斜率，依垂直建築線方向投影於面前道路之陰影面積，不得超過基地臨接面前道路之長度與該道路寬度乘積之半，且其陰影最大不得超過面前道路對側境界線；建築基地臨接面前道路之對側有永久性空地，其陰影面積得加倍計算。陰影及高度之計算如下：

$$As \leq \frac{L \times Sw}{2}$$

且 $H \leqq 3.6(Sw+D)$

其中

As：建築物以3.6比1之斜率，依垂直建築線方向，投影於面前道路之陰影面積。

L： 基地臨接面前道路之長度。

Sw：面前道路寬度(依本編第十四條第一項各款之規定)。

H： 建築物各部分高度。

D： 建築物各部分至建築線之水平距離。

二、前款所稱之斜率，為高度與水平距離之比值。

第164-1條 ★☆☆ ▢check

住宅、集合住宅等類似用途建築物樓板挑空設計者，挑空部分之位置、面積及高度應符合下列規定：

一、挑空部分每住宅單位限設一處，應設於客廳或客餐廳之上方，並限於建築物面向道路、公園、綠地等深度達6公尺以上之法定空地或其他永久性空地之方向設置。

二、挑空部分每處面積不得小於15平方公尺，各處面積合計不得超過該基地內建築物允建總容積樓地板面積1/10。
三、挑空樓層高度不得超過6公尺，其旁側之未挑空部分上、下樓層高度合計不得超過6公尺。

挑空部分計入容積率之建築物，其挑空部分之位置、面積及高度得不予限制。

第一項用途建築物設置夾層者，僅得於地面層或最上層擇1處設置；設置夾層之樓層高度不得超過6公尺，其未設夾層部分之空間應依第一項第一款及第二款規定辦理。

第一項用途建築物未設計挑空者，地面一層樓層高度不得超過4.2公尺，其餘各樓層之樓層高度均不得超過3.6公尺。但同一戶空間變化需求而採不同樓板高度之構造設計時，其樓層高度最高不得超過4.2公尺。

第一項挑空部分或第三項未設夾層部分之空間，其設置位置、每處最小面積、各處合計面積與第一項、第三項及前項規定之樓層高度限制，經建造執照預審小組審查同意者，得依其審定結果辦理。

第165條 ☆☆☆ ▢check

建築基地跨越2個以上使用分區時，空地及建築物樓地板面積之配置不予限制，但應保留空地面積應依照各分區使用規定，分別計算。

前項使用分區不包括都市計畫法第三十二條其他使用區及特定專用區。

第166條 ☆☆☆ ▢check

本編第二條、第二條之一、第十四條第一項有關建築物高度限制部分，第十五條、第二十三條、第二十六條、第二十七條，不適用實施容積管制地區。

第166-1條 ★☆☆ ▢check

實施容積管制前已申請或領有建造執照，在建造執照有效期限內，依申請變更設計時法令規定辦理變更設計時，以不增加原核准總樓地板面積及地下各層樓地板面積不移到地面以上樓層者，得依下列規定提高或增加建築物樓層高度或層數，並依本編第一百六十四條規定檢討建築物高度。

一、地面1層樓高度應不超過4.2公尺。

二、其餘各樓層之高度應不超過3.6公尺。

三、增加建築物層數者，應檢討該建築物在冬至日所造成之日照陰影，使鄰近基地有1小時以上之有效日照；臨接道路部分，自道路中心線起算10公尺範圍內，該部分建築物高度不得超過15公尺。

前項建築基地位於須經各該直轄市、縣(市)政府都市設計審議委員會審議者，應先報經各該審議委員會審議通過。

第十章 無障礙建築物

第167條 ★★☆ ▢check

為便利行動不便者進出及使用建築物，新建或增建建築物，應依本章規定設置無障礙設施。但符合下列情形之一者，不在此限：

一、獨棟或連棟建築物，該棟自

地面層至最上層均屬同一住宅單位且第2層以上僅供住宅使用。

二、供住宅使用之公寓大廈專有及約定專用部分。

三、除公共建築物外，建築基地面積未達**150**平方公尺或每棟每層樓地板面積均未達**100**平方公尺。

前項各款之建築物地面層，仍應設置無障礙通路。

前二項建築物因建築基地地形、垂直增建、構造或使用用途特殊，設置無障礙設施確有困難，經當地主管建築機關核准者，得不適用本章一部或全部之規定。

建築物無障礙設施設計規範，由中央主管建築機關定之。

第167-1條 ☆☆☆ ▢check

居室出入口及具無障礙設施之廁所盥洗室、浴室、客房、昇降設備、停車空間及樓梯應設有無障礙通路通達。

第167-2條 ☆☆☆ ▢check

建築物設置之直通樓梯，至少應有一座為無障礙樓梯。

第167-3條 ★☆☆ ▢check

建築物依本規則建築設備編第三十七條應裝設衛生設備者，除使用類組為H-2組住宅或集合住宅外，每幢建築物無障礙廁所盥洗室數量不得少於下表規定，且服務範圍不得大於3樓層：

建築物規模	無障礙廁所盥洗室數量(處)	設置處所
建築物總樓層數在3層以下者	1	任一樓層
建築物總樓層數超過3層，超過部分每增加3層且有1層以上之樓地板面積超過500平方公尺者	加設1處	每增加3層之範圍內設置一處

本規則建築設備編第三十七條建築物種類第七類及第八類，其無障礙廁所盥洗室數量不得少於下表規定：

大便器數量(個)	無障礙廁所盥洗室數量(處)
19以下	1
20至29	2
30至39	3
40至49	4
50至59	5
60至69	6
70至79	7
80至89	8
90至99	9
100至109	10
超過109個大便器者，超過部分每增加10個，應增加1處無障礙廁所盥洗室；不足10個，以10個計。	

第167-4條 ☆☆☆ ▢check

建築物設有共用浴室者，每幢建築物至少應設置一處無障礙浴室。

第167-5條 ☆☆☆ ▢check

建築物設有固定座椅席位者，其輪椅觀眾席位數量不得少於下表規定：

固定座椅席位數量(個)	輪椅觀眾席位數量(個)
50以下	1
51至150	2
151至250	3
251至350	4
351至450	5
451至550	6
551至700	7
701至850	8
851至1000	9
1001至5000	超過1000個固定座椅席位者，超過部分每增加150個，應增加1個輪椅觀眾席位；不足150個，以150個計。
超過5000個固定座椅席位者，超過部分每增加200個，應增加1個輪椅觀眾席位；不足200個，以200個計。	

第167-6條 ★☆☆ ▢check

建築物依法設有停車空間者，除使用類組為H-2組住宅或集合住宅外，其無障礙停車位數量不得少於下表規定：

停車空間總數量(輛)	無障礙停車位數量(輛)
50以下	1
51至100	2
101至150	3
151至200	4
201至250	5
251至300	6
301至350	7
351至400	8
401至450	9
451至500	10
501至550	11
超過550輛停車位者，超過部分每增加50輛，應增加1輛無障礙停車位；不足50輛，以50輛計。	

建築物使用類組為H-2組住宅或集合住宅，其無障礙停車位數量不得少於下表規定：

停車空間總數量(輛)	無障礙停車位數量(輛)
50以下	1
51至150	2
151至250	3
251至350	4
351至450	5
451至550	6
超過550輛停車位者，超過部分每增加100輛，應增加1輛無障礙停車位；不足100輛，以100輛計。	

第167-7條 ☆☆☆ ▢check

建築物使用類組為B-4組者，其無障礙客房數量不得少於下表規定：

客房總數量(間)	無障礙客房數量(間)
16至100	1
101至200	2
201至300	3
301至400	4
401至500	5
501至600	6
超過600間客房者，超過部分每增加100間，應增加1間無障礙客房；不足100間，以100間計。	

第168條 (刪除)

第169條 (刪除)

第170條 ★★★ ▢check

公共建築物之適用範圍如下表：

建築物使用類組			建築物之適用範圍
A類	公共集會類	A-1	1. 戲(劇)院、電影院、演藝場、歌廳、觀覽場。 2. 觀眾席面積在200平方公尺以上之下列場所：音樂廳、文康中心、社教館、集會堂(場)、社區(村里)活動中心。 3. 觀眾席面積在200平方公尺以上之下列場所：體育館(場)及設施。
		A-2	1. 車站(公路、鐵路、大眾捷運)。 2. 候船室、水運客站。 3. 航空站、飛機場大廈。

建築物使用類組			建築物之適用範圍
B類	商業類	B-2	百貨公司(百貨商場)商場、市場(超級市場、零售市場、攤販集中場)、展覽場(館)、量販店。
		B-3	1. 小吃街等類似場所。 2. 樓地板面積在300平方公尺以上之下列場所：餐廳、飲食店、飲料店(無陪侍提供非酒精飲料服務之場所，包括茶藝館、咖啡店、冰果店及冷飲店等)、飲酒店(無陪侍，供應酒精飲料之餐飲服務場所，包括啤酒屋)等類似場所。
		B-4	國際觀光旅館、一般觀光旅館、一般旅館。
D類	休閒、文教類	D-1	室內游泳池。
		D-2	1. 會議廳、展示廳、博物館、美術館、圖書館、水族館、科學館、陳列館、資料館、歷史文物館、天文臺、藝術館。 2. 觀眾席面積未達200平方公尺之下列場所：音樂廳、文康中心、社教館、集會堂(場)、社區(村里)活動中心。 3. 觀眾席面積未達200平方公尺之下列場所：體育館(場)及設施。
		D-3	小學教室、教學大樓、相關教學場所。
		D-4	國中、高中(職)、專科學校、學院、大學等之教室、教學大樓、相關教學場所。
		D-5	樓地板面積在500平方公尺以上之下列場所：補習(訓練)班、課後托育中心。
E類	宗教、殯葬類	E	1. 樓地板面積在500平方公尺以上之寺(寺院)、廟(廟宇)、教堂。 2. 樓地板面積在500平方公尺以上之殯儀館。
F類	衛生、福利、更生類	F-1	1. 設有10床病床以上之下列場所：醫院、療養院。 2. 樓地板面積在500平方公尺以上之下列場所：護理之家、屬於老人福利機構之長期照護機構。
		F-2	1. 身心障礙者福利機構、身心障礙者教養機構(院)、身心障礙者職業訓練機構。 2. 特殊教育學校。

建築物使用類組			建築物之適用範圍
		F-3	1. 樓地板面積在500平方公尺以上之下列場所：幼兒園、兒童及少年福利機構。 2. 發展遲緩兒早期療育中心。
G類	辦公、服務類	G-1	含營業廳之下列場所：金融機構、證券交易場所、金融保險機構、合作社、銀行、郵政、電信、自來水及電力等公用事業機構之營業場所。
		G-2	1. 郵政、電信、自來水及電力等公用事業機構之辦公室。 2. 政府機關(公務機關)。 3. 身心障礙者就業服務機構。
		G-3	1. 衛生所。 2. 設置病床未達10床之下列場所：醫院、療養院。
			公共廁所。
			便利商店。
H類	住宿類	H-1	1. 樓地板面積未達500平方公尺之下列場所：護理之家、屬於老人福利機構之長期照護機構。 2. 老人福利機構之場所：養護機構、安養機構、文康機構、服務機構。
		H-2	1. 6層以上之集合住宅。 2. 5層以下且50戶以上之集合住宅。
I類	危險物品類	I	加油(氣)站。

第171條 (刪除)
～
第177-1條 (刪除)

第十一章 地下建築物

第一節 一般設計通則

第178條 ☆☆☆ ▢check

公園、兒童遊樂場、廣場、綠地、道路、鐵路、體育場、停車場等公共設施用地及經內政部指定之地下建築物，應依本章規定。本章未規定者依其他各編章之規定。

第179條 ★★★ ▢check

本章建築技術用語之定義如左：

一、地下建築物：主要構造物定著於地面下之建築物，包括地下使用單元、地下通道、地下通道之直通樓梯、專用直通樓梯、地下公共設施等，及附設於地面上出入口、通風採光口、機電房等類似必要之構造物。

二、地下使用單元：地下建築物之一部分，供一種或在使用上具有不可區分關係之二種以上用途所構成之區劃單位。

三、地下通道：地下建築物之一部分，專供連接地下使用單元、地下通道直通樓梯、地下公共設施等，及行人通行使用者。

四、地下通道直通樓梯：地下建築物之一部分，專供連接地下通道，且可通達地面道路或永久性空地之直通樓梯。

五、專用直通樓梯：地下使用單元及緩衝區內，設置專供該地下使用單元及緩衝區使用，且可通達地面道路或永久性空地之直通樓梯。

六、緩衝區：設置於地下建築物或地下運輸系統與建築物地下層之連接處，具有專用直通樓梯以供緊急避難之獨立區劃空間。

第180條

☆☆☆

▢check

地下建築物之用途，除依照都市計畫法省、市施行細則及分區使用管制規則或公共設施多目標使用方案或大眾捷運系統土地聯合開發辦法辦理並得由該直轄市、縣(市)政府依公共安全，公共衛生及公共設施指定之目的訂定，轉報內政部核定之。

第181條 ★★☆ ▢check

建築物非經當地主管建築機關會同有關機關認定有公益需要、無安全顧慮且其構造、設備應符合本章規定者，不得與基地外之地下建築物、地下運輸系統設施連接。

前項以地下通道直接連接者，該建築物地面以下之部分及地下通道適用本章規定。但以緩衝區間接連接，並符合下列規定者，不在此限：

一、緩衝區與連接之地下建築物、地下運輸系統及建築物之地下層間應以具有1小時以上防火時效之牆壁、防火門窗等防火設備及該層防火構造之樓地板區劃分隔，防火門窗等防火設備應具有1小時以上之阻熱性，其內部裝修材料應為耐燃一級材料，且設有通風管道時，其通風管道不得同時貫穿緩衝區與二側建築物之防火區劃。

二、連接緩衝區二側之連接出入口，總寬度均應在3公尺以上，6公尺以下，且任一出入口淨寬度不得小於1.5公尺。連接出入口應設置具有1小時以上防火時效及阻熱性之防火門窗等防火設備，非連接出入口部分不得以防火門窗取代防火區劃牆。

三、緩衝區連接地下建築物、地下運輸系統之出入口防火門窗應為常時開放式，且應裝設利用煙感應器連動或其他方法控制之自動關閉裝置，並應與所連接地下建築物、地下運輸系統及建築物之中央管理室或防災中心連動監控，使能於災害發生時自動關閉。

四、緩衝區之面積：

$$A \geqq W1^2+W2^2$$

A：緩衝區之面積(平方公尺)，專用直通樓梯面積不得計入。

W1：緩衝區與地下建築物或地下運輸系統連接部分之出入口總寬度(公尺)。

W2：緩衝區與建築物地下層連接部分之出入口總寬度(公尺)。

五、緩衝區設置之專用直通樓梯寬度不得小於地下建築物或地下運輸系統連接緩衝區連接出入口總寬度之1/2，專用直通樓梯分開設置時，其樓梯寬度得合併計算。

六、緩衝區面積之30%以上應挑空至地面層。地面層挑空上方設有頂蓋者，其頂蓋距地面之淨高應在3公尺以上，且其地面以上立面之透空部份應在立面周圍面積1/3以上。但緩衝區設置水平挑空空間確有困難者，得設置符合本編第一百零二條規定之進風排煙設備，並適用兼用排煙室之相關規定。

七、以緩衝區連接之建築物地下層當層設有燃氣設備及鍋爐設備者，應依本編第二百零一條第二項辦理；瓦斯供氣設備並依本編第二百零六條規定辦理。

八、利用緩衝區與地下建築物或地下運輸系統連接之原有建築物未設置中央管理室或防災中心者，應增設之。

九、緩衝區所連接之建築物及地下建築物或地下運輸系統之中央管理室或防災中心監控，其監控項目應依本規則相關規定設置。雙方之中央管理室或防災中心應設置，專用電話或對講裝置並連接緊急電源，供互相連絡。

十、緩衝區及其專用直通樓梯之空間，得不計入建築面積及容積總樓地板面積。

十一、緩衝區內專供通行及緊急避難使用，不得有營業行為；牆壁得以耐燃一級材料設置嵌入式廣告物。

第182條
★☆☆
▢check

地下建築物應設置中央管理室，各管理室間應設置相互連絡之設備。

前項中央管理室，應設置專用直通樓梯，與其他部分之間並應以具有<u>2小時</u>以上防火時效之牆壁、防火門窗等防火設備及該處防火構造之樓地板區劃分隔。

第183條 ★★☆ ▢check

地下使用單元臨接地下通道之寬度，不得小於2公尺。自地下使用單元內之任一點，至地下通道或專用直通樓梯出入口之步行距離不得超過20公尺。

第184條 ★★☆ ▢check

地下通道依左列規定：

一、地下通道之寬度不得小於6公尺，並不得設置有礙避難通行之設施。

二、地下通道之地板面高度不等時應以坡道連接之，不得設置台階，其坡度應小於1:12，坡道表面並應作止滑處理。

三、地下通道及地下廣場之天花板淨高不得小於3公尺，但至天花板下之防煙壁、廣告物等類似突出部份之下端，得減為2.5公尺以上。

四、地下通道末端不與其他地下通道相連者，應設置出入口通達地面道路或永久性空地，其出入口寬度不得小於該通道之寬度。該末端設有

2處以上出入口時，其寬度得合併計算。

第185條 ★☆☆ ▢check

地下通道直通樓梯依左列規定：

一、自地下通道之任一點，至可通達地面道路或永久性空地之直通樓梯口，其步行距離不得大於30公尺。

二、前款直通樓梯分開設置時，其出入口之距離小於地下通道寬度者，樓梯寬度得合併計算，但每座樓梯寬度不得小於1.5公尺。

依前二款規定設置之直通樓梯得以坡道代替之，其坡度不得超過1:8，表面應作止滑處理。

第186條 ☆☆☆ ▢check

地下使用單元之任一部份或廣告物或其他類似設施，均不得突出地下通道突出物限制線。但供通行及避難必需之方向指標、號誌等不在此限。

前項突出物限制線應予明確標示，其與地下使用單元之境界線距離並不得大於50公分。

第187條 ☆☆☆ ▢check

地下通道之下水溝及其他類似設施，應以耐磨材料覆蓋之，且不得妨礙通行。

第188條 ☆☆☆ ▢check

自地下通道任一點之步行距離60公尺範圍內，應設置地下廣場，其面積依左列公式計算：

$$A \geqq 2\,(W_1^2 + W_2^2 + \cdots + W_n^2)$$

A：地下廣場之面積。(單位：平方公尺)

$W_1 \cdots W_n$：連通廣場各地下通道之寬度。(單位：公尺)

n：連通廣場地下通道之數目

地下廣場周圍並應設置2座以上可直接通達地面之樓梯。但樓梯面積不得計入廣場面積。

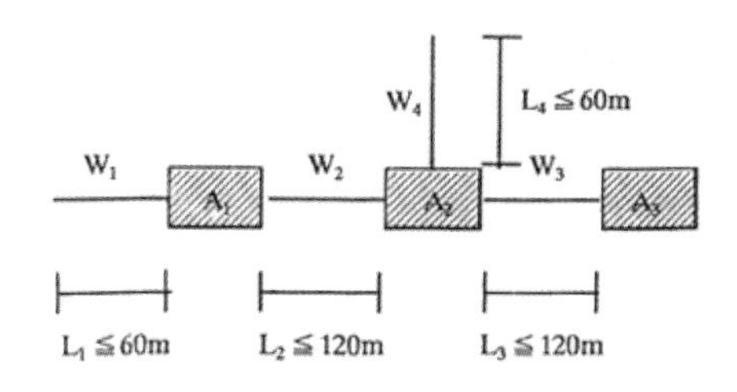

A_1、A_2、A_3：各地下廣場之面積(單位：平方公尺)

W_1、W_2、W_3、W_4：各地下通道之寬度(單位：公尺)
$L_1 \cdots L_n$：任一點至地下廣場或地下廣場間之地下通道距離(單位：公尺)

$A_1 \geqq 2\,(W_1^2+W_2^2)$
$A_2 \geqq 2\,(W_2^2+W_3^2+W_4^2)$
$A_4 \geqq 2\,W_3^2$

第189條 ★☆☆ ▢check

地下建築物與建築物地下層連接時，其連接部分應以具有1小時以上防火時效之牆壁、防火門窗等防火設備及該處防火構造之樓地板予以區劃分隔，並應設置可通達地面道路或永久性空地之安全梯。但連接部分已設有符合本章規定之直通樓梯者，不在此限。

第190條 ☆☆☆ ▢check

道路、公園廣場等類似用地範圍內之地下建築物，其頂蓋與地盤面之間距應配合週圍環境條件保持必要距離，供各類公共設施之埋設。其間距由主管建築機關協商有關機關訂定之，但道路部分不得少於3公尺。

第191條 ☆☆☆ ▢check

地下建築物設置於地盤面上之進、排風口、樓梯間出入口等類似設施，設置於人行道上時，該人行道應保持3公尺以上之淨寬。

第192條 ☆☆☆ ▢check

地下通道直通樓梯之平台及上下端第一梯級各部份半徑3公尺內之牆面不得設置地下使用單元之出入口及其他開口。但直通樓梯為安全梯不在此限。

第193條 ★★☆ ▢check

地下通道臨接樓地板面積合計在1000平方公尺以上地下使用單元者，應在該部分通道任一點之視線範圍內設置開向地面之天窗或其他類似之開口。但於該通道內設有合於左列規定之地下通道直通樓梯者，不在此限：

一、直通樓梯為安全梯者。

二、自地下通道任一點至樓梯間之步行距離小於20公尺。

三、直通樓梯地面出入口直接面臨道路或永久性空地，或利用具有1小時以上防火時效之牆壁、防火門窗等防火設備及該處防火構造之樓地板區劃而成之通道通達道路或永久性空地者。

第194條 ★★☆ ▢check

本章規定應設置之直通樓梯淨寬應依左列規定：

一、地下通道直通樓梯淨寬不得小於該地下通道之寬度；其臨接2條以上寬度不同之地下通道時，應以較寬者為準。但經由起造人檢討逃生避難計畫並經中央主管建築機關審核認可者，不在此限。

二、地下廣場之直通樓梯淨寬不得小於2公尺。

三、專用直通樓梯淨寬不得小於1.5公尺。但地下使用單元之總樓地板面積在300平方公尺以上時，應為1.8公尺以上。

前項直通樓梯級高應在18公分以下，級深應在26公分以上。樓梯高度每3公尺以內應設置平台，為直梯者，其深度不得小於1.5公尺；為轉折梯者，其深度不得小於樓梯寬度。

第194-1條 (刪除)

第二節　建築構造

第195條 地下建築物之頂版、外牆、底版等直接與土壤接觸部份，應採用水密性混凝土。

☆☆☆

▢check

第196條 地下建築物各部份所受之水平力，不得小於該部份之重量與震力係數之乘積，震力係數應以左列公式計算：

☆☆☆

▢check

$$C \geqq 0.075\left(\frac{1-H}{40}\right)Z$$

C：地下震力分佈係數。

H：公尺，地下建築物各部份距地盤面之深度，超過20公尺時，以20公尺計。

Z：震區係數。

第197條 地下建築物之上部為道路時，其設計載重應包括該道路設計載重之影響及覆土載重。

☆☆☆

▢check

第198條 地下建築物應調查基地地下水位之變化，根據雨季之最高水位計算其上揚力，並做適當之設計及因應措施以防止構造物之上浮。

☆☆☆

▢check

第199條 ☆☆☆ ▢check

地下建築物應於適當位置設置地下水位觀測站，以供隨時檢討其受水浮力之影響。

第200條 ☆☆☆ ▢check

地下建築物間之連接部份，必要時應設置伸縮縫，其止水帶及貫通之各管線，應有足夠之強度及韌性以承受其不均勻之沈陷。

第三節　建築物之防火

第201條 ★☆☆ ▢check

地下使用單元與地下通道間，應以具有1小時以上防火時效之牆壁、防火門窗等防火設備及該處防火構造之樓地板予以區劃分隔。

設有燃氣設備及鍋爐設備之使用單元等，應儘量集中設置，且與其他使用單元之間，應以具有1小時以上防火時效之牆壁、防火門窗等防火設備及該處防火構造之樓地板予以區劃分隔。

第202條 ★★☆ ▢check

地下建築物供地下使用單元使用之總樓地板面積在1000平方公尺以上者，應按每1000平方公尺，以具有1小時以上防火時效之牆壁、防火門窗等防火設備及該處防火構造之樓地板予以區劃分隔。供地下通道使用，其總樓地板面積在1500平方公尺以上者，應按每**1500平方公尺**，以具有**1小時**以上防火時效之牆壁、防火門窗等防火設備及該處防火構造之樓地板予以區劃分隔。且每一區劃內，應設有地下通道直通樓梯。

第203條
☆☆☆
▢check

超過1層之地下建築物，其樓梯、昇降機道、管道及其他類似部分，與其他部分之間，應以具有1小時以上防火時效之牆壁、防火門窗等防火設備予以區劃分隔。樓梯、昇降機道裝設之防火設備並應具有遮煙性能。管道間之維修門應具有1小時以上防火時效及遮煙性能。

前項昇降機道前設有昇降機間且併同區劃者，昇降機間出入口裝設具有遮煙性能之防火設備時，昇降機道出入口得免受應裝設具遮煙性能防火設備之限制；昇降機間出入口裝設之門非防火設備但開啟後能自動關閉且具有遮煙性能時，昇降機道出入口之防火設備得免受應具遮煙性能之限制。

第204條 ☆☆☆ ▢check

地下使用單元之隔間、天花板、地下通道、樓梯等，其底材、表面材之裝修材料及標示設施、廣告物等均應為不燃材料製成者。

第205條 ★☆☆ ▢check

給水管、瓦斯管、配電管及其他管路均應以不燃材料製成，其貫通防火區劃時，貫穿部位與防火區劃合成之構造應具有2小時以上之防火時效。

第206條 ★☆☆ ▢check

地下建築物內不得存放使用桶裝液化石油氣。瓦斯供氣管路應依左列規定：

一、燃氣用具應使用金屬管、金屬軟管或瓦斯專用軟管與瓦斯出口栓連接，並應附設自動熄火安全裝置。

二、瓦斯供氣幹管應儘量減少而單純化，表面顏色應為鉻黃色。

三、天花板內有瓦斯管路時，天花板每隔30公尺內，應設檢查口一處。

四、中央管理室應設有瓦斯漏氣自動警報受信總機及瓦斯供氣緊急遮斷裝置。

五、廚房應設煙罩及直通戶外之排煙管，並配置適當之乾粉或二氧化碳滅火器。

第四節　防火避難設施及消防設備

第207條 ★★★ ▢check

地下建築物設置自動撒水設備，應依左列規定：

一、撒水頭應裝設於天花板面及天花板內。但符合下列情形者得設於天花板內，天花板面免再裝設：

(一) 天花板內之高度未達0.5公尺者。

(二) 天花板採挑空花格構造者。

二、每一撒水頭之防護面積及水平間距，應依下列規定：

(一) 廚房等設有燃氣用具之場所，每一撒水頭之防護面積不得大於6平方公尺，撒水頭間距，不得大於3公尺。

(二) 前目以外之場所，每一撒水頭之防護面積不得大於9平方公尺，間距不得大於3.5公尺。

三、水源容量不得小於30個撒水頭連續放水20分鐘之水量。

第208條 ★★★ ▢check

地下建築物，應依場所特性及環境狀況，每100平方公尺範圍內配置適當之泡沫、乾粉或二氧化碳滅火器一具，滅火器之裝設依左列規定：

一、滅火器應分別固定放置於取用方便之明顯處所。

二、滅火器應即可使用。

三、懸掛於牆上或放置於消防栓箱中之滅火器，其上端與樓地板面之距離，18公斤以上者不得超過1公尺。

第209條 ★★☆ ▢check

地下建築物應依左列規定設置消防隊專用出水口：

一、每層每25公尺半徑範圍內應設一處口徑63公厘附快式接頭消防栓，其距離樓地板面之高度不得大於1公尺，並不得小於50公分。

二、消防栓應裝設在樓梯間或緊急用升降機間等附近，便於消防隊取用之位置。

三、消防立管之內徑不得小於**100公厘**。

第210條 ☆☆☆ ▢check

地下建築物應設置左列漏電警報設備：

一、漏電檢出機：其感度電流最高值應在1安培以下。

二、受信總機：應具有配合開關設備，自動切斷電路之機能。

前項漏電警報設備應與火警自動警報設備併設但須區分之。

第211條 ☆☆☆ ▢check

地下使用單元等使用瓦斯之場所，均應設置左列瓦斯漏氣自動警報設備：

一、瓦斯漏氣探測設備：依燃氣種類及室內氣流情形適當配置。

二、警報裝置。

三、受信總機。

第212條 ★★☆ ▢check

地下建築物應依左列規定設置標示設備：

一、出口標示燈：各層通達安全梯、或另一防火區劃之防火門上方及地坪，均應設置標示燈。

二、方向指示：凡通往樓梯、地面出入口等之通道或廣場，均應於樓梯口、廣場或通道轉彎處，設置位置指示圖及避難方向指標。

三、避難方向指示燈：設置避難方向指標下方距地板面高度1公尺範圍內，且在其正下方**50公分**處應具有**1勒克斯**以上之照度。

第213條 ★★★ ▢check

地下建築物內設置之左列各項設備應接至緊急電源：

一、室內消防栓：自動消防設備(自動撒水、自動泡沫滅火、水霧自動撒水、自動乾粉滅火、自動二氧化碳、自動揮發性液體等消防設備)。

二、火警自動警報設備。

三、漏電自動警報設備。

四、出口標示燈、緊急照明、避難方向指示燈、緊急排水及排煙設備。

五、瓦斯漏氣自動警報設備。

六、緊急用電源插座。

七、緊急廣播設備。
各緊急供電設備之控制及監視系統應集中於中央管理室。

第214條 ☆☆☆ ▢check

地下通道地板面之水平面，應有平均10勒克斯以上之照度。

第215條 ★★☆ ▢check

地下使用單元樓地板面積在500平方公尺以上者，應設置排煙設備。但每100平方公尺以內以分間牆或防煙壁區劃分隔者不在此限。地下通道之排煙設備依左列規定：

一、地下通道應按其樓地板面積每300平方公尺以內，以自天花板面下垂80公分以上之防煙壁，或其他類似防止煙流動之設施，予以區劃分隔。
二、前款用以區劃之壁體，或其他類似之設施，應為不燃材料，或為不燃材料被覆者。
三、依第一款之每一區劃，至少應配置一處排煙口。排煙口應開設在天花板或天花板下80公分範圍內之牆壁，並直接與排煙風道連接。

四、排煙口之開口面積，在該防煙區劃樓地板面積之2%以上，且直接與外氣連接者，免設排煙機。

五、排煙機得由2個以上防煙區劃共用之：每分鐘不得少於300立方公尺。

地下通道總排煙量每分鐘不得少於600立方公尺。

第216條 ★☆☆ ▢check

地下通道之緊急排水設備，應依左列規定：

一、排水管、排水溝及陰井等及其他與污水有關部份之構造，應為耐水且為不燃材料。

二、排水設備之處理能力，應為消防設備用水量及污水排水量總和之2倍。

三、排水管或排水溝等之末端，不得與公共下水道、都市下水道等類似設施直接連接。

四、地下通道之地面層出入口，應設置擋水設施。

第217條 ★☆☆ ▢check

地下通道之緊急照明設備，應依左列規定：

一、地下通道之地板面，應具有平均10勒克斯以上照度。

二、照明器具(包括照明燈蓋等之附件)，除絕緣材料及小零件外，應由不燃材料所製成或覆蓋。

三、光源之燈罩及其他類似部份之最下端，應在天花板面(無天花板時為版)下50公分內之範圍。

第五節　空氣調節及通風設備

第218條 ☆☆☆ ▢check

地下建築物之空氣調節設備應按地下使用單元部份與地下通道部份，分別設置空氣調節系統。

第219條 ★☆☆ ▢check

地下建築物，其樓地板面積在1000平方公尺以上之樓層，應設置機械送風及機械排風；其樓地板面積在1000平公尺以下之樓層，得視其地下使用單元之配置狀況，擇一設置機械送風及機械排風系統、機械送風及自然排風系統、或自然送風及機械排風系統。

前項之通風系統，並應使地下使用單元及地下通道之通風量有均等之效果。

第220條 ★☆☆ ▢check

依前條設置之通風系統，其通風量應依左列規定：

一、按樓地板面積每平方公尺應有每小時30立方公尺以上之新鮮外氣供給能力。但使用空調設備者每小時供給量得減為15立方公尺以上。

二、設置機械送風及機械排風者，平時之給氣量，應經常保持在排氣量之上。

三、各地下使用單元應設置進風口或排風口，平時之給氣量並應大於排氣量。

第221條 ☆☆☆ ▢check

廚房、廁所及緊急電源室(不包括密閉式蓄電池室)，應設專用排氣設備。

第222條 ★☆☆ ▢check

新鮮空氣進氣口應有防雨、防蟲、防鼠、防塵之構造，且應設於地面上3公尺以上之位置。該位置附近之空氣狀況，經主管機關認定不合衛生條件者，應設置空氣過濾或洗淨設備。

設置空氣過濾或洗淨設備者，在不妨礙衛生情況下，前項之高度得不受限制。

第223條 ★☆☆ ▢check

地下建築物內之通風、空調設備，其在送風機側之風管，應設置直徑15公分以上可開啟之圓形護蓋以供測量風量使用。

第224條 ★☆☆ ▢check

通風機械室之天花板高度不得小於2公尺，且電動機、送風機、及其他通風機械設備等，應距周圍牆壁50公分以上。但動力合計在0.75千瓦以下者，不在此限。

第六節　環境衛生及其他

第225條 ☆☆☆ ▢check

地下使用單元之樓地板面，不得低於其所臨接之地下通道面，但在防水及排水上無礙者，不在此限。

第226條 ★☆☆ ▢check

地下建築物，應設有排水設備及可供垃圾集中處理之處所。

排水設備之處理能力不得小於地下建築物平均日排水量除以平均日供水時間之值的2倍。

第十二章 高層建築物

第一節 一般設計通則

第227條 ★★★ ▢check

本章所稱高層建築物，係指高度在<u>50公尺</u>或樓層在<u>16層</u>以上之建築物。

第228條 ★★☆ ▢check

高層建築物之總樓地板面積與留設空地之比，不得大於左列各值：

一、商業區：<u>30</u>。

二、住宅區及其他使用分區：<u>15</u>。

第229條 ★☆☆ ▢check

高層建築物應自建築線及地界線依落物曲線距離退縮建築。但建築物高度在50公尺以下部分得免退縮。

落物曲線距離為建築物各該部分至基地地面高度<u>平方根之1/2</u>。

第230條 ☆☆☆ ▢check

高層建築物之地下各層最大樓地板面積計算公式如左：

$$Ao \leqq (1 + Q)A / 2$$

Ao：地下各層最大樓地板面積。

A：建築基地面積。

Q：該基地之最大建蔽率。

高層建築物因施工安全或停車設備等特殊需要，經預審認定有增加地下各層樓地板面積必要者，得不受前項限制。

第231條 (刪除)

第232條 (刪除)

第233條 高層建築物在2層以上，16層或地板面高度在50公尺以下之各樓層，應設置緊急進口。但面臨道路或寬度4公尺以上之通路，且各層之外牆每10公尺設有窗戶或其他開口者，不在此限。
★☆☆
▢check

前項窗戶或開口應符合本編第一百零八條第二項之規定。

第二節　建築構造

第234條 高層建築物有左列情形之一者，應提出理論分析，必要時得要求提出結構試驗作為該設計評估之依據。
★☆☆
▢check

一、基地地面以上高度超過75公尺者。
二、結構物之立面配置有勁度、質量、立面幾何不規則；抵抗側力之豎向構材於其立面內明顯轉折或不連續、各層抵抗側力強度不均勻者。

三、結構物之平面配置導致明顯扭曲、轉折狀、橫隔板不連續、上下層平面明顯退縮或錯位、抵抗側力之結構系統不互相平行者。

四、結構物立面形狀之塔狀比(高度＼短邊長度)為4以上者。

五、結構體為鋼筋混凝土造、鋼骨造或鋼骨鋼筋混凝土造以外者。

六、建築物之基礎非由穩定地盤直接支承，或非以剛強之地下工程支承於堅固基礎者。

七、主體結構未採用純韌性立體剛構架或韌性立體剛構架與剪力牆或斜撐併用之系統者。

八、建築物之樓板結構未具足夠之勁度與強度以充分抵抗及傳遞樓板面內之水平力者。

第235條 ☆☆☆ ▢check

作用於高層建築物地上各樓層之設計用地震力除依本規則建築構造編第一章第五節規定外，並應經動力分析檢討，以兩者地震力取其合理值。

第236條 ☆☆☆ ▢check

高層建築物依設計用風力求得之結構體層間位移角不得大於2.5‰。

高層建築物依設計地震力求得之結構體層間位移所引致之2次力矩，倘超過該層地震力矩之10%，應考慮2次力矩所衍生之構材應力與層間位移。

第237條 ☆☆☆ ▢check

高層建築物之基礎應確定其於設計地震力、風力作用下不致上浮或傾斜。

第238條 ★☆☆ ▢check

高層建築物為確保地震時之安全性，應檢討建築物之極限層剪力強度，極限層剪力強度應為彈性設計內所述設計用地震力作用時之層剪力之1.5倍以上。但剪力牆之剪力強度應為各該剪力牆設計地震力之2.5倍以上，斜撐構架之剪力強度應為各該斜撐構架設計地震力之2倍以上。

第239條 ☆☆☆ ▢check

高層建築物結構之細部設計應使構架具有所要求之強度及足夠之韌性，使用之構材及構架之力學特性，應經由實驗等證實，且在製作及施工上皆無問題者。柱之最小設計用剪力為長期軸壓力之5%以上。

第240條 (刪除)

第三節　防火避難設施

第241條 ★☆☆ ▢check

高層建築物應設置2座以上之特別安全梯並應符合二方向避難原則。2座特別安全梯應在不同平面位置，其排煙室並不得共用。

高層建築物連接特別安全梯間之走廊應以具有1小時以上防火時效之牆壁、防火門窗等防火設備及該樓層防火構造之樓地板自成一個獨立之防火區劃。

高層建築物通達地板面高度50公尺以上或16層以上樓層之直通樓梯，均應為特別安全梯，且通達地面以上樓層與通達地面以下樓層之梯間不得直通。

第242條 ★☆☆ ▢check

高層建築物昇降機道併同昇降機間應以具有1小時以上防火時效之牆壁、防火門窗等防火設備及該處防火構造之樓地板自成一個獨立之防火區劃。

昇降機間出入口裝設之防火設備應具有遮煙性能。連接昇降機間之走廊，應以具有1小時以上防火時效之牆壁、防火門窗等防火設備及該層防火構造之樓地板自成一個獨立之防火區劃。

第243條 ☆☆☆ ▢check

高層建築物地板面高度在50公尺或樓層在16層以上部分，除住宅、餐廳等係建築物機能之必要時外，不得使用燃氣設備。

高層建築物設有燃氣設備時，應將燃氣設備集中設置，並設置瓦斯漏氣自動警報設備，且與其他部分應以具1小時以上防火時效之牆壁、防火門窗等防火設備及該層防火構造之樓地板予以區劃分隔。

第244條 ★☆☆ ▢check

高層建築物地板面高度在50公尺以上或16層以上之樓層應設置緊急昇降機間，緊急用昇降機載重能力應達17人(1150公斤)以上，其速度不得小於每分鐘60公尺，且自避難層至最上層應在1分鐘內抵達為限。

第四節　建築設備

第245條 ★★★ ▢check

高層建築物之配管立管應考慮層間變位，一般配管之容許層間變位為1/200，消防、瓦斯等配管為1/100。

第246條 ☆☆☆ ▢check

高層建築物配管管道間應考慮維修及更換空間。瓦斯管之管道間應單獨設置。但與給水管或排水管共構設置者，不在此限。

第247條 NEW ☆☆☆ ▢check

高層建築物各種配管管材均應以不燃材料製成或包覆，其貫穿防火區劃之施作應符合本編第八十五條、第八十五條之一規定。

高層建築物內之給排水系統，屬防火區劃管道間內之幹管管材或貫穿區劃部分已施作防火填塞之水平支管，得不受前項不燃材料規定之限制。

第248條 ☆☆☆ ▢check

設置於高層建築物屋頂上或中間設備層之機械設備應符合下列規定：

一、應固定於建築物主要結構上，其支承系統除須有避震設施外，並須符合本規則建築構造編之相關規定。

二、主要部分構材應為不燃材料製成。

第249條 ☆☆☆ ▢check

設置於高層建築物內、屋頂層或中間樓層或地下層之給水水箱，其設計應考慮結構體之水平變位，箱體不得與建築物其他部分兼用，並應可從外部對箱體各面進行維修檢查。

第250條 ☆☆☆ ▢check

高層建築物給水設備之裝置系統內應保持適當之水壓。

第251條 ★★☆ ▢check

高層建築物應另設置室內供消防隊專用之連結送水管，其管徑應為**100**公厘以上，出水口應為雙口形。

高層建築物高度每超過**60**公尺者，應設置中繼幫浦，連結送水管3支以下時，其幫浦出水口之水量不得小於2400公升／分，每增加1支出水量加800公升／分，至5支為止，出水口之出水壓力不得小於3.5公斤／平方公分。

第252條 ★☆☆ ▢check

60公尺以上之高層建築物應設置光源俯角15度以上，360度方向皆可視認之航空障礙燈。

第253條 ☆☆☆ ▢check

高層建築物之避雷設備應考慮雷電側擊對應措施。

第254條 ☆☆☆ ▢check

高層建築物設計時應考慮不得影響無線通信設施及鄰近地區電視收訊。若有影響，應於屋頂突出物提供適當空間供電信機構裝設通信設施，或協助鄰近地區改善電視收訊。

前項電視收訊改善處理原則，由直轄市、縣(市)政府定之。

第255條 ★☆☆ ▢check

高層建築物之防災設備所使用強弱電之電線電纜應採用強電30分鐘、弱電15分鐘以上防火時效之配線方式。

第256條 ☆☆☆ ▢check

高層建築物之升降設備應依居住人口、集中率、動線等三者計算交通量，以決定適當之電梯數量及載容量。

第257條 ★☆☆ ▢check

高層建築物每一樓層均應設置火警自動警報設備，其11層以上之樓層以設置偵煙型探測器為原則。

高層建築物之各層均應設置自動撒水設備。但已設有其他自動滅火設備者，於其有效防護範圍內，得免設置。

第258條 ★★★ ▢check

高層建築物火警警鈴之設置，其鳴動應依下列規定：

一、起火層為地上2層以上時，限該樓層與其上2層及其下1層鳴動。

二、起火層為地面層時，限該樓層與其上1層及地下層各層鳴動。

三、起火層為地下層時，限地面層及地下層各層鳴動。

第259條 高層建築物應依左列規定設置防災中心：

★★★

▢check

一、防災中心應設於避難層或其直上層或直下層。

二、樓地板面積不得小於40平方公尺。

三、防災中心應以具有2小時以上防火時效之牆壁、防火門窗等防火設備及該層防火構造之樓地板予以區劃分隔，室內牆面及天花板(包括底材)，以耐燃一級材料為限。

四、高層建築物左列各種防災設備，其顯示裝置及控制應設於防災中心：

(一) 電氣、電力設備。

(二) 消防安全設備。

(三) 排煙設備及通風設備。

(四) 昇降及緊急昇降設備。

(五) 連絡通信及廣播設備。

(六) 燃氣設備及使用導管瓦斯者，應設置之瓦斯緊急遮斷設備。

(七) 其他之必要設備。

高層建築物高度達25層或90公尺以上者，除應符合前項規定外，其防災中心並應具備防災、警報、通報、滅火、消防及其他必要之監控系統設備；其應具功能如左：
一、各種設備之記錄、監視及控制功能。
二、相關設備運動功能。
三、提供動態資料功能。
四、火災處理流程指導功能。
五、逃生引導廣播功能。
六、配合系統型式提供模擬之功能。

第十三章 山坡地建築

第一節　山坡地基地不得開發建築認定基準

第260條 ☆☆☆ ▢check

本章所稱山坡地，指依山坡地保育利用條例第三條之規定劃定，報請行政院核定公告之公、私有土地。

第261條 ★☆☆ ▢check

本章建築技術用語定義如左：
一、平均坡度：係指在比例尺不小於**1/1200**實測地形圖上依左列平均坡度計算法得出之坡度值：

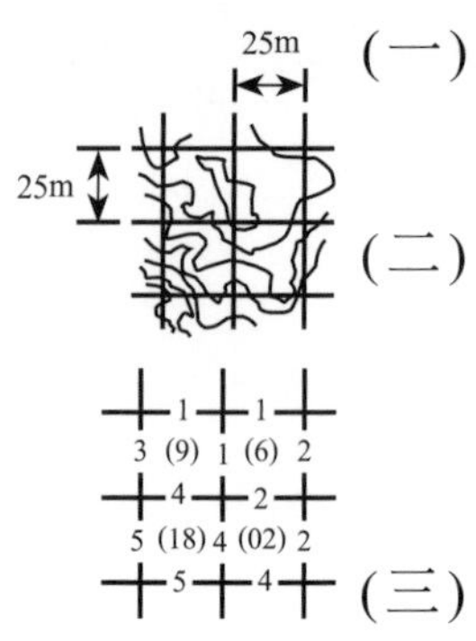

(一) 在地形圖上區劃正方格坵塊，其每邊長不大於25公尺。圖示如左：

(二) 每格坵塊各邊及地形圖等高線相交點之點數，記於各方格邊上，再將四邊之交點總和註在方格中間。圖示如左：

(三) 依交點數及坵塊邊長，求得坵塊內平均坡度(S)或傾斜角(θ)，計算公式如左：

$$S(\%) = \frac{n\pi h}{8L} \times 100\%$$

S：平均坡度(百分比)。

h：等高線首曲線間距(公尺)。

L：方格(坵塊)邊長(公尺)。

n：等高線及方格線交點數。

π：圓周率(3.14)

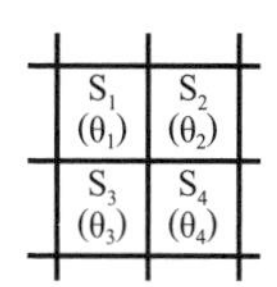

(四) 在坵塊圖上，應分別註明坡度計算之結果。圖示如左：

二、順向坡：與岩層面或其他規則而具延續性之不連續面大致同向之坡面。圖示如左：

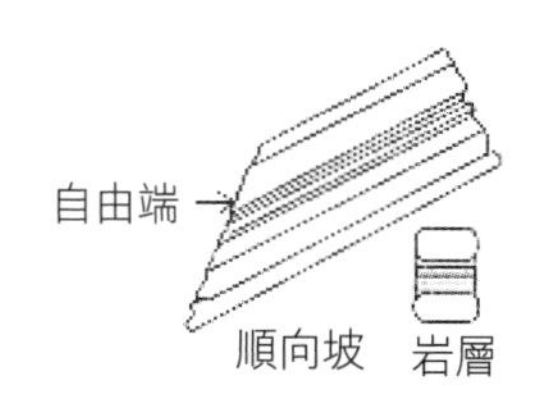

三、自由端：岩層面或不連續面裸露邊坡。

四、岩石品質指標(RQD)：指一地質鑽孔中，其岩心長度超過10公分部分者之總長度，與該次鑽孔長度之百分比。

五、活動斷層：指有活動記錄之斷層或依地面現象由學理推論認定之活動斷層及其推衍地區。

六、廢土堆：人工移置或自然崩塌之土石而未經工程壓密或處理者。

七、坑道：指各種礦坑、涵洞及其他未經工程處理之地下空洞。

八、坑道覆蓋層：指地下坑道頂及地面或基礎底面間之覆蓋部分。

九、有效應力深度：指構造物基礎下4倍於基礎最大寬度之深度。

第262條 ☆☆☆ ▢check

山坡地有下列各款情形之一者，不得開發建築。但穿過性之道路、通路或公共設施管溝，經適當邊坡穩定之處理者，不在此限：

一、坡度陡峭者：所開發地區之原始地形應依坵塊圖上之平均坡度之分布狀態，區劃成若干均質區。在坵塊圖上其平均坡度超過30%者。但區內最高點及最低點間之坡度小於15%，且區內不含顯著之獨立山頭或跨越主嶺線者，不在此限。

二、地質結構不良、地層破碎或順向坡有滑動之虞者：

(一) 順向坡傾角大於20度，且有自由端，基地面在最低潛在滑動面外側地區。圖示如下：

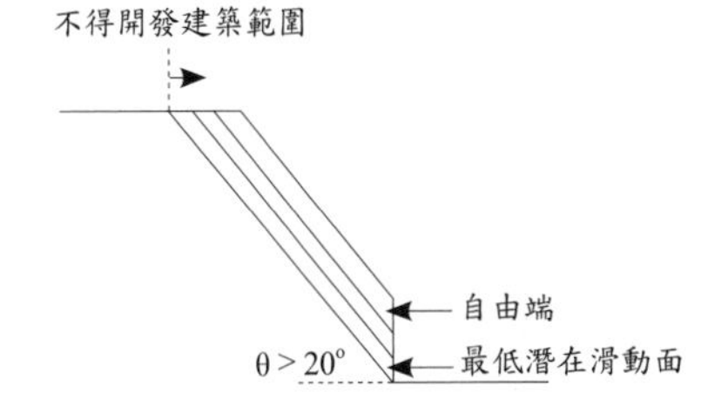

(二) 自滑動面透空處起算之平面型地滑波及範圍，且無適當擋土設施者。其公式及圖式如下：

$$D \geq \frac{H}{2\tan\theta}$$

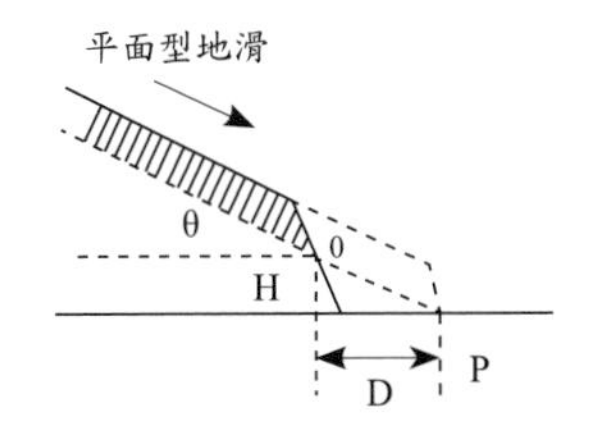

D： 自滑動面透空處起算之波及距離(m)。

θ： 岩層坡度。

H： 滑動面透空處高度(m)。

(三) 在預定基礎面下，有效應力深度內，地質鑽探岩心之岩石品質指標(RQD)小於25%，且其下坡原地形坡度超過55%，坡長30公尺者，距坡緣距離等於坡長之範圍，原地形呈明顯階梯狀者，坡長自下段階地之上坡腳起算。圖示如下：

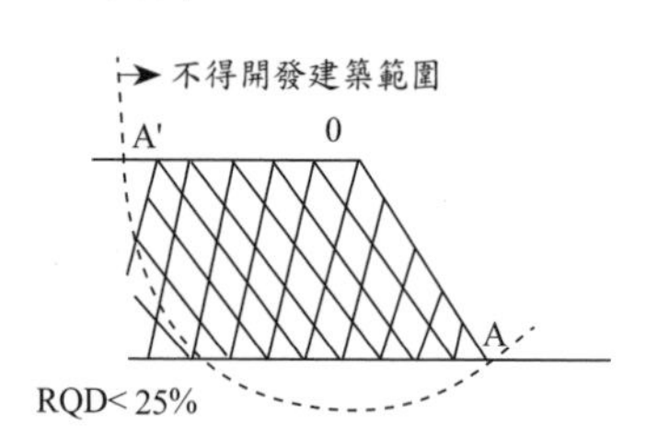

三、活動斷層：依歷史上最大地震規模(M)劃定在下表範圍內者：

歷史地震規模	不得開發建築範圍
M≧7	斷層帶二外側邊各100公尺
7>M≧6	斷層帶二外側邊各50公尺
M<6或無記錄者	斷層帶二外側邊各30公尺內

活動斷層線	M≥7	6≤M<7	M<6 或無記錄
或其邊線	100m	50m	30m

四、有危害安全之礦場或坑道：

(一) 在地下坑道頂部之地面，有與坑道關連之裂隙或沈陷現象者，其分布寬度二側各一倍之範圍。

(二) 建築基礎(含椿基)面下之坑道頂覆蓋層在下表範圍者：

岩盤健全度	坑道頂至建築基礎面坑之厚度
RQD≦75%	<10×坑道最大內徑(M)
50%≦RQD<75%	<20×坑道最大內徑(M)
RQD<50%	<30×坑道最大內徑(M)

五、廢土堆：廢土堆區內不得開發為建築用地。但建築物基礎穿越廢土堆者，不在此限。

六、河岸或向源侵蝕：

(一) 自然河岸高度超過5公尺範圍者：

河岸邊坡之角度(θ)	地　質	不得開發建築範圍 (自河岸頂緣內計之範圍)
$\theta \geqq 60^\circ$	砂礫層	岸高(H)×1
	岩盤	岸高(H)×2/3
$45^\circ \leqq \theta < 60^\circ$	砂礫層	岸高(H)×2/3
	岩盤	岸高(H)×1/2
$\theta < 45^\circ$	砂礫層	岸高(H)×1/2
	岩盤	岸高(H)×1/3

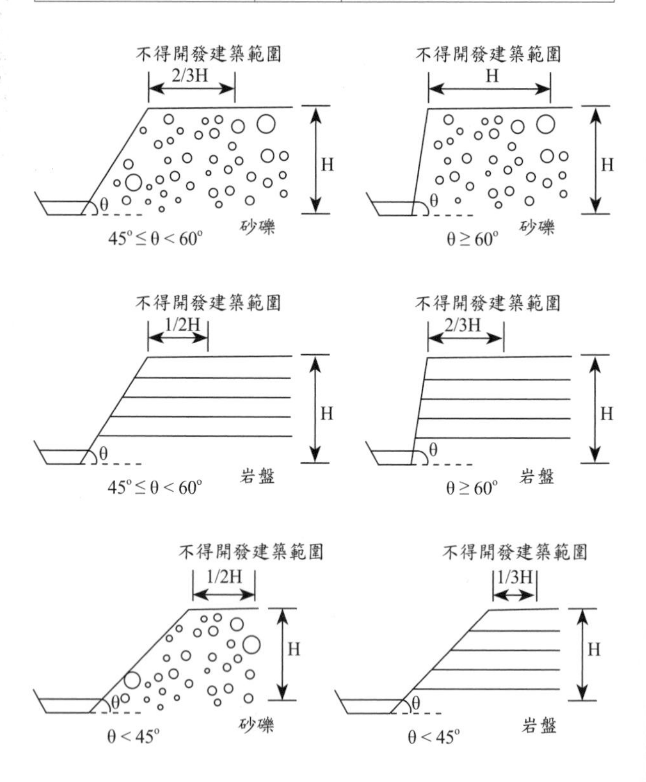

(二) 在前目表列範圍內已有平行於河岸之裂隙出現者，則自裂隙之內緣起算。

七、洪患：河床二岸低地，過去洪水災害記錄顯示其周期小於10年之範圍。但已有妥善之防洪工程設施並經當地主管建築機關認為無礙安全者，不在此限。

八、斷崖：斷崖上下各2倍於斷崖高度之水平距離範圍內。但地質上或設有適當之擋土設施並經當地主管建築機關認為安全無礙者，不在此限。

前項第六款河岸包括海崖、階地崖及臺地崖。

第一項第一款坵塊圖上其平均坡度超過55%者，不得計入法定空地面積；坵塊圖上其平均坡度超過30%且未逾55%者，得作為法定空地或開放空間使用，不得配置建築物。但因地區之發展特性或特殊建築基地之水土保持處理與維護之需要，經直轄市、縣(市)政府另定適用規定者，不在此限。

建築基地跨越山坡地與非山坡地時，其非山坡地範圍有礦場或坑道者，適用第一項第四款規定。

第二節　設計原則

第263條
★☆☆
▢check

建築基地應自建築線或基地內通路邊退縮設置人行步道，其退縮距離不得小於1.5公尺，退縮部分得計入法定空地。但道路或基地內通路邊已設置人行步道者，可合併計算退縮距離。

建築基地具特殊情形，經當地主管建築機關認定未能依前項規定退縮者，得減少其退縮距離或免予退縮；其認定原則由當地主管建築機關定之。

臨建築線或基地內通路邊第一進之擋土設施各點至路面高度不得大於道路或基地內通路中心線至擋土設施邊之距離，且其高度不得大於6公尺。

前項以外建築基地內之擋土設施以1比1.5之斜率，依垂直道路或基地內通路方向投影於道路或基地內通路之陰影，最大不得超過道路或基地內通路之中心線。

第264條 ☆☆☆ ▢check

山坡地地面上之建築物至擋土牆坡腳間之退縮距離，應依左列公式計算：

一、擋土牆上方無構造物載重者：

$$D_1 \geq \frac{H}{2}\left(1+\tan\theta\right)$$

二、擋土牆上方有構造物載重者：

$$D_2 \geq \frac{H}{2}\left(1+\tan\theta+\frac{2Q}{r_1H^2}\right)$$

三、擋土牆後方為順向坡者：

$$D_3 \geq \frac{H}{2}\left(1+\tan\theta+\frac{2Q}{r_1H^2}\right)+\frac{3L}{H}\left(\frac{2H\tan\theta}{\sqrt{1+\tan^2\theta}}C\right)$$

D_1、D_2、D_3：建築物外牆各點與擋土牆坡腳間之水平距離(m)。

H：第一進擋土牆坡頂至坡腳之高度(m)。

θ：第一進擋土牆上方邊坡坡度。

Q：擋土牆上方D_1範圍內淺基礎構造物單位長度載重(t/m)。

r_1：擋土牆背填土單位重量(t/m^3)。

C：順向坡滑動界面之抗剪強度(t/m^2)。

L：順向坡長度(m)。

第265條 ★☆☆ ▢check

基地地面上建築物外牆距離高度1.5公尺以上之擋土設施者，其建築物外牆與擋土牆設施間應有2公尺以上之距離。但建築物外牆各點至高度3.6公尺以上擋土設施間之水平距離，應依左列公式計算：

$$D \geq 2 + \frac{H - 3.6}{4}$$

H：擋土設施各點至坡腳之高度。
D：建築物外牆各點及擋土設施間之水平距離。

第266條 ☆☆☆ ▢check

建築物至建築線間之通路或建築物至通路間設置戶外階梯者，應依左列規定辦理：

一、戶外階梯高度每3公尺應設置平台一處，平台深度不得小於階梯寬度。但平台深度大於2公尺者，得免再增加其寬度。

二、戶外階梯每階之級深及級高，應依左列公式計算：

$2R + T \geqq 64(CM)$ 且
$R \leqq 18(CM)$

R：每階之級高。
T：每階之級深。
三、戶外階梯寬度不得小於1.2公尺。但以戶外階梯為私設通路或基地內通路者，其階梯及平台之寬度應依私設通路寬度之規定。

以坡道代替前項戶外階梯者，其坡度不得大於1:8。

第267條 ☆☆☆ ▢check

建築基地地下各層最大樓地板面積計算公式如左：

A0<(1+Q)A/2

A0：地下各層最大樓地板面積。
A：建築基地面積。
Q：該基地之最大建蔽率。

建築物因施工安全或停車設備等特殊需要，經主管建築機關審定有增加地下各層樓地板面積必要者，得不受前項限制。

建築基地內原有樹木，其距離地面1公尺高之樹幹周長大於50公分以上經列管有案者，應予保留或移植於基地之空地內。

第268條 ☆☆☆ ▢check

建築物高度除依都市計畫法或區域計畫法有關規定許可者，從其規定外，不得高於法定最大容積率除以法定最大建蔽率之商乘**3.6**再乘以**2**，其公式如左：

$$H \leqq \frac{\text{法定最大容積率}}{\text{法定最大建蔽率}} \times 3.6 \times 2$$

建築物高度因構造或用途等特殊需要，經目的事業主管機關審定有增加其建築物高度必要者，得不受前項限制。

第十四章 工廠類建築物

第269條 NEW ☆☆☆ ▢check

下列地區之工廠類建築物，除依原獎勵投資條例、原促進產業升級條例或產業創新條例所興建之工廠，或各該工業訂有設廠標準或其他法令另有規定者外，其基本設施及設備應依本章規定辦理：

一、依都市計畫劃定為工業區內之工廠。

二、非都市土地丁種建築用地內之工廠。

第270條 ★☆☆ ▢check

本章用語定義如下：

一、作業廠房：指供直接生產、儲存或倉庫之作業空間。

二、廠房附屬空間：指輔助或便利工業生產設置，可供寄宿及工作之空間。但以供單身員工宿舍、辦公室及研究室、員工餐廳及相關勞工福利設施使用者為限。

第271條 ★★☆ ▢check

作業廠房單層樓地板面積不得小於**150平方公尺**。其面積150平方公尺以下之範圍內，不得有固定隔間區劃隔離；面積超過150平方公尺部分，得予適當隔間。

作業廠房與其附屬空間應以具有1小時以上防火時效之牆壁、樓地板、防火門窗等防火設備區劃用途，並能個別通達避難層、地面或樓梯口。

前項防火設備應具有**1小時**以上之阻熱性。

第271-1條 ☆☆☆ ▢check

作業廠房符合下列情形之一者，不受前條第一項單層樓地板面積之限制：

一、中華民國82年4月13日以前完成地籍分割之建築基地，符合直轄市、縣(市)畸零地使用規定，其可建築之單層樓地板面積無法符合前條第一項規定。

二、中華民國82年4月13日以前申請建造執照並已領得使用執照之合法工廠建築物，作業廠房單層樓地板面積不符前條第一項規定，於原建築基地範圍內申請改建或修建。

三、原建築基地可建築之單層樓地板面積符合前條第一項規定，其中部分經劃設為公共設施用地致賸餘基地無法符合規定，或建築基地上之建築物已領有使用執照，於重新申請建築執照時，因都市計畫變更建蔽率調降，致無法符合規定。

第272條 ★★★ ▢check

廠房附屬空間設置面積應符合下列規定：

一、辦公室(含守衛室、接待室及會議室)及研究室之合計面積不得超過作業廠房面積1/5。

二、作業廠房面積在300平方公尺以上之工廠，得附設單身員工宿舍，其合計面積不得超過作業廠房面積1/3。

三、員工餐廳(含廚房)及其他相關勞工福利設施之合計面積不得超過作業廠房面積1/4。

前項附屬空間合計樓地板面積不得超過作業廠房面積之2/5。

第273條 ☆☆☆ ▢check

本編第一條第三款陽臺面積得不計入建築面積及第一百六十二條第一款陽臺面積得不計入該層樓地板面積之規定，於工廠類建築物不適用之。

第274條 ★★☆ ▢check

作業廠房之樓層高度扣除直上層樓板厚度及樑深後之淨高度不得小於2.7公尺。

第275條 ★☆☆ ▢check

工廠類建築物設有2座以上直通樓梯者，其樓梯口相互間之直線距離不得小於建築物區劃範圍對角線長度之半。

第276條 ★☆☆ ▢check

工廠類建築物出入口應自建築線至少退縮該建築物高度平方根之1/2，且平均退縮距離不得小於3公尺、最小退縮距離不得小於1.5公尺。

第277條 (刪除)

第278條 ★☆☆ ▢check

作業廠房樓地板面積1500平方公尺以上者，應設一處裝卸位；面積超過1500平方公尺部分，每增加4000平方公尺，應增設1處。

前項裝卸位長度不得小於13公尺，寬度不得小於4公尺，淨高不得低於4.2公尺。

第279條 ☆☆☆ ▢check

倉庫或儲藏空間設於避難層以外之樓層者，應設置專用載貨昇降機。

第280條 ☆☆☆ ▢check

工廠類建築物每一樓層之衛生設備應集中設置。但該層樓地板面積超過500平方公尺者，每超過500平方公尺得增設1處，不足1處者以1處計。

第十五章 實施都市計畫區建築基地綜合設計

第281條 ☆☆☆ ▢check

實施都市計畫地區建築基地綜合設計，除都市計畫書圖或都市計畫法規另有規定者外，依本章之規定。

第282條 ☆☆☆ ▢check

建築基地為住宅區、文教區、風景區、機關用地、商業區或市場用地並符合下列規定者，得適用本章之規定：

一、基地臨接寬度在8公尺以上之道路，其連續臨接長度在25公尺以上或達周界總長度1/6以上。

二、基地位於商業區或市場用地面積1000平方公尺以上，或位於住宅區、文教區、風景區或機關用地面積1500平方公尺以上。

前項基地跨越二種以上使用分區或用地，各分區或用地面積與前項各該分區或用地規定最小面積之比率合計值大於或等於1者，得適用本章之規定。

第283條 ★★☆ ▢check

本章所稱開放空間，指建築基地內依規定留設達一定規模且連通道路開放供公眾通行或休憩之下列空間：

一、沿街步道式開放空間：指建築基地臨接道路全長所留設寬度4公尺以上之步行專用道空間，且其供步行之淨寬度在1.5公尺以上者。但沿道路已設有供步行之淨寬度在1.5公尺以上之人行道者，供步行之淨寬度得不予限制。

二、廣場式開放空間：指前款以外符合下列規定之開放空間：

(一) 任一邊之最小淨寬度在6公尺以上者。

(二) 留設之最小面積，於住宅區、文教區、風景區或機關用地為200平方公尺以上，或於商業區或市場用地為100平方公尺以上者。

(三) 任一邊臨接道路或沿街步道式開放空間，其臨接長度6公尺以上者。

(四) 開放空間與基地地面或臨接道路路面之高低差不得大於7公尺，且至少有2處以淨寬2公尺以上或一處淨寬4公尺以上之室外樓梯或坡道連接至道路或其他開放空間。

(五) 前目開放空間與基地地面或道路路面之高低差1.5公尺以上者，其應有全周長1/6以上臨接道路或沿街步道式開放空間。

(六) 2個以上廣場式開放空間相互間之最大高低差不超過1.5公尺，並以寬度4公尺以上之沿街步道式開放空間連接者，其所有相連之空間得視為一體之廣場式開放空間。

前項開放空間得設頂蓋，其淨高不得低於6公尺，深度應在高度4倍範圍內，且其透空淨開口面積應占該空間立面周圍面積(不含主要樑柱部分)2/3以上。

基地內供車輛出入之車道部分，不計入開放空間。

第284條 ★☆☆ ▢check

本章所稱開放空間有效面積，指開放空間之實際面積與有效係數之乘積。

有效係數規定如下：

一、沿街步道式開放空間，其有效係數為1.5。

二、廣場式開放空間：

(一) 臨接道路或沿街步道式開放空間長度大於該開放空間全周長1/8者，其有效係數為1。

(二) 臨接道路或沿街步道式開放空間長度小於該開放空間全周長1/8者，其有效係數為0.6。

前項開放空間設有頂蓋部分，有效係數應乘以0.8；其建築物地面層為住宅、集合住宅者，應乘以零。

前二項開放空間與基地地面或臨接道路路面有高低差時，有效係數應依下列規定乘以有效值：

一、高低差1.5公尺以下者，有效值為1。

二、高低差超過1.5公尺至3.5公尺以下者，有效值為0.8。

三、高低差超過3.5公尺至7公尺以下者，有效值為0.6。

第284-1條 ☆☆☆ ▢check

本章所稱公共服務空間，係指基地位於住宅區之公寓大廈留設於地面層之共用部分，供住戶作集會、休閒、文教及交誼等服務性之公共空間。

第285條 ★☆☆ ▢check

留設開放空間之建築物，經直轄市、縣(市)主管建築機關審查符合本編章規定者，得增加樓地板面積合計之最大值Σ△FA，應符合都市計畫法規或都市計畫書圖之規定；其未規定者，應提送當地直轄市、縣(市)都市計畫委員會審議通過後實施，並依下式計算：

$$\Sigma \triangle FA = \triangle FA1 + \triangle FA2$$

△FA1：依本編第二百八十六條第一款規定計算增加之樓地板面積。

△FA2：依本章留設公共服務空間而增加之樓地板面積。

第286條 ☆☆☆ ▢check

前條建築物之設計依下列規定：

一、增加之樓地板面積△FA1，依下式計算：

$$\triangle FA1 = S \times I$$

S：開放空間有效面積之總和。
I：鼓勵係數。容積率乘以2/5。但商業區或市場用地不得超過2.5，住宅區、文教區、風景區或機關用地為0.5以上、1.5以下。

二、高度依下列規定：

(一) 應依本編第一百六十四條規定計算及檢討日照。

(二) 臨接道路部分，應自道路中心線起退縮6公尺建築，且自道路中心線起算10公尺範圍內，其高度不得超過15公尺。

三、住宅、集合住宅等居住用途建築物各樓層高度設計，應符合本編第一百六十四條之一規定。

四、建蔽率依本編第二十五條之規定計算。但不適用同編第二十六條至第二十八條之規定。

五、本編第一百十八條第一款規定之特定建築物，得比照同條第二款之規定退縮後建築。退縮地不得計入法定空地面積，並不得於退縮地內建造圍牆、排水明溝及其他雜項工作物。

第287條 ★☆☆ ▢check

建築物留設之開放空間有效面積之總和，不得少於法定空地面積之**60%**。

第288條 ★☆☆ ▢check

建築物之設計，其基地臨接道路部分，應設寬度**4公尺**以上之步行專用道或法定騎樓；步行專用道設有花臺或牆柱等設施者，其可供通行之淨寬度不得小於**1.5公尺**。但依規定應設置騎樓者，其淨寬從其規定。

建築物地面層為住宅或集合住宅者，非屬開放空間之建築基地部分，得於臨接開放空間設置圍牆、欄杆、灌木綠籬或其他區隔設施。

第289條 ☆☆☆ ▢check

開放空間除應予綠化外，不得設置圍牆、欄杆、灌木綠籬、棚架、建築物及其他妨礙公眾通行之設施或為其他使用。但基於公眾使用安全需要，且不妨礙公眾通行或休憩者，經直轄市、縣(市)主管建築機關之建造執照預審小組審查同意，得設置高度**1.2公尺**以下之透空欄杆扶手或灌木綠籬，且其透空面積應達**2/3**以上。

前項綠化之規定應依本編第十七章綠建築基準及直轄市、縣(市)主管建築機關依當地環境氣候、都市景觀等需要所定之植栽綠化執行相關規定辦理。
第二項綠化工程應納入建築設計圖說，於請領建造執照時一併核定之，並於工程完成經勘驗合格後，始得核發使用執照。
第一項開放空間於核發使用執照後，主管建築機關應予登記列管，每年並應作定期或不定期檢查。

第290條 ☆☆☆ ▢check

依本章設計之建築物，除依建造執照預審辦法申請預審外，並依下列規定辦理：

一、直轄市、縣(市)主管建築機關之建造執照預審小組，應就開放空間之植栽綠化及公益性，與其對公共安全、公共交通、公共衛生及市容觀瞻之影響詳予評估。
二、建築基地臨接永久性空地或已依本章申請建築之基地，其開放空間應配合整體留設。
三、直轄市、縣(市)主管建築機關之建造執照預審小組，應就建築物之私密性與安全管理需求及公共服務空間之位置、面積及服務設施與設備之必要性及公益性詳予評估。

第291條 ☆☆☆ ▢check

本規則中華民國92年3月20日修正施行前，都市計畫書圖中規定依未實施容積管制地區綜合設計鼓勵辦法或實施都市計畫地區建築基地綜合設計鼓勵辦法辦理者，於本規則修正施行後，依本章之規定辦理。

第292條 ☆☆☆ ▢check

本規則中華民國92年3月20日修正施行前，依未實施容積管制地區綜合設計鼓勵辦法或實施都市計畫地區建築基地綜合設計鼓勵辦法規定已申請建造執照，或領有建造執照且在建造執照有效期間內者，申請變更設計時，得適用該辦法之規定。

第十六章 老人住宅

第293條 ☆☆☆ ▢check

本章所稱老人住宅之適用範圍如左：

一、依老人福利法或其他法令規定興建，專供老人居住使用之建築物；其基本設施及設備應依本章規定。

二、建築物之一部分專供作老人居住使用者，其臥室及服務空間應依本章規定。該建築物不同用途之部分以無開口之防火牆、防火樓板區劃分隔且有獨立出入口者，不適用本章規定。

老人住宅基本設施及設備規劃設計規範(以下簡稱設計規範)，由中央主管建築機關定之。

第294條 ☆☆☆ ▢check

老人住宅之臥室，居住人數不得超過2人，其樓地板面積應為9平方公尺以上。

第295條 ★☆☆ ▢check

老人住宅之服務空間，包括左列空間：

一、居室服務空間：居住單元之浴室、廁所、廚房之空間。

二、共用服務空間：建築物門廳、走廊、樓梯間、昇降機間、梯廳、共用浴室、廁所及廚房之空間。

三、公共服務空間：公共餐廳、公共廚房、交誼室、服務管理室之空間。

前項服務空間之設置面積規定如左：

一、浴室含廁所者，每1處之樓地

板面積應為4平方公尺以上。

二、公共服務空間合計樓地板面積應達居住人數每人2平方公尺以上。

三、居住單元超過14戶或受服務之老人超過20人者，應至少提供一處交誼室，其中一處交誼室之樓地板面積不得小於40平方公尺，並應附設廁所。

第296條 ★☆☆ ▢check

老人住宅應依設計規範設計，其各層得增加之樓地板面積合計之最大值依左列公式計算：

$$\Sigma \triangle FA = \triangle FA1 + \triangle FA2 + \triangle FA3 \leqq 0.2FA$$

FA：基準樓地板面積，實施容積管制地區為該基地面積與容積率之乘積；未實施容積管制地區為該基地依本編規定核計之地面上各層樓地板面積之和。建築物之一部分作為老人住宅者，為該老人住宅部分及其服務空間樓地板面積之和。

Σ△FA：得增加之樓地板面積合計值。

△FA1：得增加之居室服務空間樓地板面積。但不得超過基準樓地板面積之**5%**。

△FA2：得增加之共用服務空間樓地板面積。但不得超過基準樓地板面積之**5%**，且不包括未計入該層樓地板面積之共同使用梯廳。

△FA3：得增加之公共服務空間樓地板面積。但不得超過基準樓地板面積之**10%**。

第297條 老人住宅服務空間應符合左列規定：

☆☆☆

▢check

一、2層以上之樓層或地下層應設專供行動不便者使用之昇降設備或其他設施通達地面層。該昇降設備其出入口淨寬度及出入口前方供輪椅迴轉空間應依本編第一百七十四條規定。

二、老人住宅之坡道及扶手、避難層出入口、室內出入口、室內通路走廊、樓梯、共用浴室、共用廁所應依本編第一百七十一條至第一百七十三條及第一百七十五條規定。

前項昇降機間及直通樓梯之梯間，應為獨立之防火區劃並設有避難空間，其面積及配置於設計規範定之。

第十七章 綠建築基準

第一節 一般設計通則

第298條 ★☆☆ ▢check

本章規定之適用範圍如下：

一、建築基地綠化：指促進植栽綠化品質之設計，其適用範圍為新建建築物。但個別興建農舍及基地面積300平方公尺以下者，不在此限。

二、建築基地保水：指促進建築基地涵養、貯留、滲透雨水功能之設計，其適用範圍為新建建築物。但本編第十三章山坡地建築、地下水位小於1公尺之建築基地、個別興建農舍及基地面積300平方公尺以下者，不在此限。

三、建築物節約能源：指以建築物外殼設計達成節約能源目的之方法，其適用範圍為學校類、大型空間類、住宿類建築物，及同一幢或連棟建築物之新建或增建部分之地面層以上樓層(不含屋頂突出物)之樓地板面積合計超過**1000平方公尺**之其他各類建築物。但符合下列情形之一者，不在此限：

(一) 機房、作業廠房、非營業用倉庫。

(二) 地面層以上樓層(不含屋頂突出物)之樓地板面積在500平方公尺以下之農舍。

(三) 經地方主管建築機關認可之農業或研究用溫室、園藝設施、構造特殊之建築物。

四、建築物雨水或生活雜排水回收再利用：指將雨水或生活雜排水貯集、過濾、再利用之設計，其適用範圍為總樓地板面積達**1萬平方公尺**以上之新建建築物。但衛生醫療類(F-1組)或經中央主管建築機關認可之建築物，不在此限。

五、綠建材：指第二百九十九條第十二款之建材；其適用範圍為供公眾使用建築物及經內政部認定有必要之非供公眾使用建築物。

第299條 ★★★ ▢check

本章用詞，定義如下：

一、綠化總固碳當量：指基地綠化栽植之各類植物固碳當量與其栽植面積乘積之總和。

二、最小綠化面積：指基地面積扣除執行綠化有困難之面積後與基地內應保留法定空地比率之乘積。

三、基地保水指標：指建築後之土地保水量與建築前自然土地之保水量之相對比值。

四、建築物外殼耗能量：指為維持室內熱環境之舒適性，建築物外周區之空調單位樓地板面積之全年冷房顯熱熱負荷。

五、外周區：指空間之熱負荷受到建築外殼熱流進出影響之空間區域，以外牆中心線**5**公尺深度內之空間為計算標準。

六、外殼等價開窗率：指建築物各方位外殼透光部位，經標準化之日射、遮陽及通風修正計算後之開窗面積，對建築外殼總面積之比值。

七、平均熱傳透率：指當室內外溫差在絕對溫度一度時，建築物外殼單位面積在單位時間內之平均傳透熱量。

八、窗面平均日射取得量：指除屋頂外之建築物所有開窗面之平均日射取得量。

九、平均立面開窗率：指除屋頂以外所有建築外殼之平均透光開口比率。

十、雨水貯留利用率：指在建築基地內所設置之雨水貯留設施之雨水利用量與建築物總用水量之比例。

十一、生活雜排水回收再利用率：指在建築基地內所設置之生活雜排水回收再利用設施之雜排水回收再利用量與建築物總生活雜排水量之比例。

十二、綠建材：指經中央主管建築機關認可符合生態性、再生性、環保性、健康性及高性能之建材。

十三、耗能特性分區：指建築物室內發熱量、營業時程較相近且由同一空調時程控制系統所控制之空間分區。

前項第二款執行綠化有困難之面積，包括消防車輛救災活動空間、戶外預鑄式建築物污水處理設施、戶外教育運動設施、工業區之戶外消防水池及戶外裝卸貨空間、住宅區及商業區依規定應留設之騎樓、迴廊、私設通路、基地內通路、現有巷道或既成道路。

第300條 ★☆☆ ▢check

適用本章之建築物，其容積樓地板面積、機電設備面積、屋頂突出物之計算，得依下列規定辦理：

一、建築基地因設置雨水貯留利用系統及生活雜排水回收再利用系統，所增加之設備空間，於樓地板面積容積**5‰**以內者，得不計入容積樓地板面積及不計入機電設備面積。

二、建築物設置雨水貯留利用系統及生活雜排水回收再利用系統者，其屋頂突出物之高度得不受本編第一條第九款第一目之限制。但不超過**9公尺**。

第301條 ☆☆☆ ▢check

為積極維護生態環境，落實建築物節約能源，中央主管建築機關得以增加容積或其他獎勵方式，鼓勵建築物採用綠建築綜合設計。

第二節　建築基地綠化

第302條 建築基地之綠化，其綠化總固碳當量應大於2/3最小綠化面積與下表固碳當量基準值之乘積：

★☆☆
▢check

使用分區或用地	固碳當量基準值（公斤/(平方公尺·年))
學校用地、公園用地	0.83
商業區、工業區(不含科學園區)	0.50
前二類以外之建築基地	0.66

第303條 建築基地之綠化檢討以一宗基地為原則；如單一宗基地內之局部新建執照者，得以整宗基地綜合檢討或依基地內合理分割範圍單獨檢討。

☆☆☆
▢check

第304條 建築基地綠化之總固碳當量計算，應依設計技術規範辦理。

前項建築基地綠化設計技術規範，由中央主管建築機關定之。

☆☆☆
▢check

第三節　建築基地保水

第305條 建築基地應具備原裸露基地涵養或貯留滲透雨水之能力，其建築基地保水指標應大於0.5與基地內應保留法定空地比率之乘積。

☆☆☆
▢check

第306條 ☆☆☆ ▢check

建築基地之保水設計檢討以一宗基地為原則；如單一宗基地內之局部新建執照者，得以整宗基地綜合檢討或依基地內合理分割範圍單獨檢討。

第307條 ☆☆☆ ▢check

建築基地保水指標之計算，應依設計技術規範辦理。

前項建築基地保水設計技術規範，由中央主管建築機關定之。

第四節　建築物節約能源

第308條 ☆☆☆ ▢check

建築物建築外殼節約能源之設計，應依據下表氣候分區辦理：

氣候分區	行政區域
北部氣候區	臺北市、新北市、宜蘭縣、基隆市、桃園縣、新竹縣、新竹市、苗栗縣、福建省連江縣、金門縣
中部氣候區	臺中市、彰化縣、南投縣、雲林縣、花蓮縣
南部氣候區	嘉義縣、嘉義市、臺南市、澎湖縣、高雄市、屏東縣、臺東縣

第308-1條 ★★☆ ▢check

建築物受建築節約能源管制者，其受管制部分之屋頂平均熱傳透率應低於0.8瓦／(平方公尺・度)，且當設有水平仰角小於80度之透光天窗之水平投影面積HWa大於1.0平方公尺時，其透光天窗日射透過率HWs應低於下表之基準值HWsc：

水平投影面積HWa條件	透光天窗日射透過率基準值HWsc
$HWa<30m^2$	HWsc＝0.35
$HWa \geqq 30m^2$ 且 $HWa<230m^2$	HWsc＝0.35-0.001×(HWa-30.0)
$HWa \geqq 230m^2$	HWsc＝0.15
計算單位HWa：m^2；HWsc：無單位	

有下列情形之一者，免受前項規定限制：

一、屋頂下方為樓梯間、倉庫、儲藏室或機械室。

二、除月臺、觀眾席、運動設施及表演臺外之建築物外牆透空1/2以上之空間。

建築物外牆、窗戶與屋頂所設之玻璃對戶外之可見光反射率不得大於**0.2**。

第308-2條 ☆☆☆ ▢check

受建築節約能源管制建築物，位於海拔高度**800公尺**以上者，其外牆平均熱傳透率、立面開窗部位(含玻璃與窗框)之窗平均熱傳透率應低於下表所示之基準值：

海拔	外牆平均熱傳透率基準值 (W/(m²・K))	立面開窗率WR			
		WR＞0.4	0.4≧WR＞0.3	0.3≧WR＞0.2	0.2≧WR
		窗平均熱傳透率基準值 (W/(m²・K))			
海拔 800~1800m	2.5	3.5	4.0	5.0	5.5
海拔高於 1800m	1.5	2.0	2.5	3.0	3.5

受建築節約能源管制建築物，其外牆平均熱傳透率、外窗部位(含玻璃與窗框)之窗平均熱傳透率及窗平均遮陽係數應低於下表所示之基準值；住宿類建築物每一居室之可開啟窗面積應大於開窗面積之**15%**。但符合前項、本編第三百零九條至第三百十二條規定者，不在此限：

類別	外牆平均熱傳透率基準值 (W/(m².K))	立面開窗率＞0.5		0.5≧立面開窗率＞0.4		0.4≧立面開窗率＞0.3		0.3≧立面開窗率＞0.2		0.2≧立面開窗率＞0.1		0.1≧立面開窗率	
		窗平均熱傳透率基準值	窗平均遮陽係數基準值	窗平均熱傳透率基準值	窗平均遮陽係數基準值	窗平均熱傳透率基準值	窗平均遮陽係數基準值	窗平均熱傳透率基準值	窗平均遮陽係數基準值	窗平均熱傳透率基準值	窗平均遮陽係數基準值	窗平均熱傳透率基準值	窗平均遮陽係數基準值
住宿類建築	2.75	2.7	0.10	3.0	0.15	3.5	0.25	4.7	0.35	5.2	0.45	6.5	0.55
其他各類建築	2.0	2.7	0.20	3.0	0.30	3.5	0.40	4.7	0.50	5.2	0.55	6.5	0.60

第309條 ☆☆☆ ▢check

A類第二組、B類、D類第二組、D類第五組、E類、F類第一組、F類第三組、F類第四組及G類空調型建築物，及C類之非倉儲製程部分等空調型建築物，為維持室內熱環境之舒適性，應依其耗能特性分區計算各分區之外殼耗能量，且各分區外殼耗能量對各分區樓地板面積之加權值，應低於下表外殼耗能基準對各分區樓地板面積之加權平均值。但符合本編第三百零八條之二規定者，不在此限：

耗能特性分區	氣候分區	外殼耗能基準值 千瓦・小時／(平方公尺・年)
辦公、文教、宗教、照護分區	北部氣候區	150
	中部氣候區	170
	南部氣候區	180
商場餐飲娛樂分區	北部氣候區	245
	中部氣候區	265
	南部氣候區	275
醫院診療分區	北部氣候區	185
	中部氣候區	205
	南部氣候區	215
醫院病房分區	北部氣候區	175
	中部氣候區	195
	南部氣候區	200
旅館、招待所客房區	北部氣候區	110
	中部氣候區	130
	南部氣候區	135

耗能特性分區	氣候分區	外殼耗能基準值 千瓦·小時／(平方公尺·年)
交通運輸旅客大廳分區	北部氣候區	290
	中部氣候區	315
	南部氣候區	325

第310條 ★★☆ ▢check

住宿類建築物外殼不透光之外牆部分之平均熱傳透率應低於3.5瓦／(平方公尺·度)，且其建築物外殼等價開窗率之計算值應低於下表之基準值。但符合本編第三百零八條之二規定者，不在此限。

	氣候分區	建築物外殼等價開窗率基準值
住宿類： H類第一組 H類第二組	北部氣候區	13%
	中部氣候區	15%
	南部氣候區	18%

第311條 ☆☆☆ ▢check

學校類建築物之行政辦公、教室等居室空間之窗面平均日射取得量應分別低於下表之基準值。但符合本編第三百零八條之二規定者，不在此限：

	氣候分區	窗面平均日射取得量 單位：千瓦·小時／(平方公尺·年)
學校類建築物： D類第三組 D類第四組 F類第二組	北部氣候區	160
	中部氣候區	200
	南部氣候區	230

第312條 大型空間類建築物居室空間之窗面平均日射取得量應分別低於下表公式所計算之基準值。但平均立面開窗率在10%以下，或符合本編第三百零八條之二規定者，不在此限：

☆☆☆
▢check

大型空間類建築物： A類第一組 A類第二組 B類第一組 C類第一組 C類第二組 D類第一組 D類第二組 E類	氣候分區	窗面平均日射取得量基準值計算公式
	北部氣候區	基準值＝$146.2X^2-414.9X+276.2$
	中部氣候區	基準值＝$273.3X^2-616.9X+375.4$
	南部氣候區	基準值＝$348.4X^2-748.4X+436.0$
	X：平均立面開窗率(無單位) 基準值單位：千瓦·小時/(平方公尺·年)	

第313條 (刪除)

第314條 同一幢或連棟建築物中，有供本節適用範圍二類以上用途，且其各用途之規模分別達本編第二百九十八條第三款規定者，其耗能量之計算基準值，除本編第三百零九條之空調型建築物應依各耗能特性分區樓地板面積加權計算其基準值外，應分別依其規定基準值計算。

☆☆☆
▢check

第315條 ☆☆☆ ▢check

有關建築物節約能源之外殼節約能源設計，應依設計技術規範辦理。

前項建築物節約能源設計技術規範，由中央主管建築機關定之。

第五節　建築物雨水及生活雜排水回收再利用

第316條 ★★☆ ▢check

建築物應就設置雨水貯留利用系統或生活雜排水回收再利用系統，擇一設置。設置雨水貯留利用系統者，其雨水貯留利用率應大於**4%**；設置生活雜排水回收利用系統者，其生活雜排水回收再利用率應大於**30%**。

第317條 ★☆☆ ▢check

由雨水貯留利用系統或生活雜排水回收再利用系統處理後之用水，可使用於沖廁、景觀、澆灌、灑水、洗車、冷卻水、消防及其他不與人體直接接觸之用水。

第318條 ★★★ ▢check

建築物設置雨水貯留利用或生活雜排水回收再利用設施者，應符合左列規定：

一、輸水管線之坡度及管徑設計，應符合建築設備編第二章給水排水系統及衛生設備之相關規定。

二、雨水供水管路之外觀應為淺綠色，且每隔5公尺標記雨水字樣；生活雜排水回收再利用水供水管之外觀應為深綠色，且每隔4公尺標記生活雜排水回收再利用水字樣。

三、所有儲水槽之設計均須覆蓋以防止灰塵、昆蟲等雜物進入；地面開挖貯水槽時，必須具備預防砂土流入及防止人畜掉入之安全設計。

四、雨水貯留利用設施或生活雜排水回收再利用設施，應於明顯處標示雨水貯留利用設施或生活雜排水回收再利用設施之名稱、用途或其他說明標示，其專用水栓或器材均應有防止誤用之注意標示。

第319條 ☆☆☆ ▢check

建築物雨水及生活雜排水回收再利用之計算及系統設計，應依設計技術規範辦理。

前項建築物雨水及生活雜排水回收再利用設計技術規範，由中央主管建築機關定之。

第六節　綠建材

第320條　(刪除)

第321條　建築物應使用綠建材，並符合下列規定：
★★★
▢check

一、建築物室內裝修材料、樓地板面材料及窗，其綠建材使用率應達總面積**60%**以上。但窗未使用綠建材者，得不計入總面積檢討。

二、建築物戶外地面扣除車道、汽車出入緩衝空間、消防車輛救災活動空間、依其他法令規定不得鋪設地面材料之範圍及地面結構上無須再鋪設地面材料之範圍，其餘地面部分之綠建材使用率應達**20%**以上。

第322條　綠建材材料之構成，應符合左列規定之一：
☆☆☆
▢check

一、塑橡膠類再生品：塑橡膠再生品的原料須全部為國內回收塑橡膠，回收塑橡膠不得含有行政院環境保護署公告之毒性化學物質。

二、建築用隔熱材料：建築用的隔熱材料其產品及製程中不得使用蒙特婁議定書之管制物質且不得含有環保署公告之毒性化學物質。

三、水性塗料：不得含有甲醛、鹵性溶劑、汞、鉛、鎘、六價鉻、砷及銻等重金屬，且不得使用三酚基錫(TPT)與三丁基錫(TBT)。

四、回收木材再生品：產品須為回收木材加工再生之產物。

五、資源化磚類建材：資源化磚類建材包括陶、瓷、磚、瓦等需經窯燒之建材。其廢料混合攙配之總和使用比率須等於或超過單一廢料攙配比率。

六、資源回收再利用建材：資源回收再利用建材係指不經窯燒而回收料摻配比率超過一定比率製成之產品。

七、其他經中央主管建築機關認可之建材。

第323條 綠建材之使用率計算，應依設計技術規範辦理。
☆☆☆
▢check
前項綠建材設計技術規範，由中央主管建築機關定之。

建築法規隨身讀(第三冊)

作　　者：江　軍 彙編
企劃編輯：郭季柔
文字編輯：江雅鈴
設計裝幀：張寶莉
發 行 人：廖文良

發 行 所：碁峰資訊股份有限公司
地　　址：台北市南港區三重路 66 號 7 樓之 6
電　　話：(02)2788-2408
傳　　真：(02)8192-4433
網　　站：www.gotop.com.tw
書　　號：ACR01000003
版　　次：2021 年 09 月初版
建議售價：NT$990 (全套五冊)

國家圖書館出版品預行編目資料

建築法規隨身讀 / 江軍彙編. -- 初版. -- 臺北市：碁峰資訊, 2021.09
冊；　公分
ISBN 978-986-502-879-4(全套：平裝)
1.營建法規
441.51　　110009873

讀者服務

- 感謝您購買碁峰圖書，如果您對本書的內容或表達上有不清楚的地方或其他建議，請至碁峰網站：「聯絡我們」\「圖書問題」留下您所購買之書籍及問題。(請註明購買書籍之書號及書名，以及問題頁數，以便能儘快為您處理)
  http://www.gotop.com.tw
- 售後服務僅限書籍本身內容，若是軟、硬體問題，請您直接與軟、硬體廠商聯絡。
- 若於購買書籍後發現有破損、缺頁、裝訂錯誤之問題，請直接將書寄回更換，並註明您的姓名、連絡電話及地址，將有專人與您連絡補寄商品。